もう一度プログラミングを はじめてみませんか？
──人生を再起動するサバイバルガイド

山崎 晴可　山崎 彩子●著

技術評論社

●免責

　本書に記載された内容は、情報の提供だけを目的としています。したがって、本書を用いた運用は、必ずお客様自身の責任と判断によって行ってください。これらの情報の運用の結果について、技術評論社および著者はいかなる責任も負いません。

　本書記載の情報は、2024年11月現在のものを掲載していますので、ご利用時には、変更されている場合もあります。

　また、ソフトウェアに関する記述は、特に断わりのないかぎり、2024年11月現在でのバージョンをもとにしています。ソフトウェアはバージョンアップされる場合があり、本書での説明とは機能内容や画面図などが異なってしまうこともあり得ます。本書ご購入の前に、必ずバージョン番号をご確認ください。

　以上の注意事項をご承諾いただいたうえで、本書をご利用願います。これらの注意事項をお読みいただかずに、お問い合わせいただいても、技術評論社および著者は対処しかねます。あらかじめ、ご承知おきください。

●商標、登録商標について

　本書に登場する製品名などは、一般に各社の登録商標または商標です。なお、本文中に™、®などのマークは特に記載しておりません。

本書の出版を祝して

臨床心理学では、心理学の理論と技法をもとに通例はすぐれて個別的なアプローチを行う。用いる臨床心理学の技法の数は世界で数百ともいわれている。そのいずれをセラピストが学び、どれを臨床現場で出会う人に適用するかは、一般にセラピストのオリエンテーションに拠るところが大きい。しかしながら、平均的な範囲におさまらない創意工夫が求められることも少なくない。実際は、状況に合わせてその方法は選び取られていくことになる。

さて、本書は、私が専門とする臨床心理学とはまったく領域を異にする分野であるプログラミング学習について述べられた本である。著者の一人山崎彩子氏は同じ臨床心理学分野で仕事をされている関係で、これまでお話を伺う機会が多くあった。その関係により本稿を寄せさせていただくことになった。プログラミングについてまったくの素人である私が考えるところを寄せるのはいささか僭越と思われるが、今後この領域はさまざまな機会に多く用いられると思うので、門外漢ながら少しばかり述べさせていただく。

本書を通読したところ、まったく違う領域でも通底するものがあると驚き感じ入った。本書では、認知心理学も用いながら、個別柔軟な対応を大切にするということが述べられている。学習というものは、教室で一斉授業を受けていても、子どもたちの進度に差がでるものである。これまでの先人者たちは現実状況により適した方法でそれを補い、工夫をこらしてこられた。コンピューターやプログラミングの学習は、当然ながら私が子ども時代にはなかったものである。長い歴史のある教科教育とは異なる、新しい学習内容と学習方法であろう。教えられる側にとっても教える側にとっても、新たな創造の営みといえるのではなかろうか。

新しい分野における学習は、それが人間社会にどのような影響をもたらすのかという基本的な方針を考えるところからはじまる。本書ではプログラミング学習における日本人特有の課題について言及されているが、その教授方法が文化間で異なるということは自然であろう。著者である山崎晴可氏・彩子氏に、諸外国に本書のような視点からプログラミング学習についての方法論を用い、

視野を広げているものがあるのではないかとお伺いしたところ、以前から[注1]試みられているが、実際はプログラミング技術や言語の変化速度があまりにも早く、この領域に関する研究はスピード感のある発展途上であるようだ。それほどまでのスピードなのかと驚くばかりである。けれども、プログラミング学習は、社会的にも経済的にも大きな成果をもたらす可能性のある発展途上の領域であろう。したがって、今後、世界的に協働しながら知見を積み重ねていくという意義は非常に大きい。

　個別的に柔軟性をもった学習をという本書の提案は、プログラミングを教授する側の力量や状況により、容易ではないかもしれない。けれども人が達成感を得て、もっと知りたいもっと学びたいという気持ちを持つのは、自分にフィットした学習をし、成果を実感できたとき……ではなかろうか。そのような視点に改めて立ち返らせてくれ、今後の発展が楽しみとなるような、類例の少ない貴重な本が出版されたことはまことに時宜を得た営みとして喜ばしく思われる。

　本書はバランス感覚をもって多面的に多軸で考えられている。そういう意味でもより新しいコンピューター・プログラミングの分野において、実用に耐えうる視点を供給すると、素人であるが私は大きく期待している次第である。

大正大学　名誉・客員教授

一般財団法人公認心理師試験研修センター顧問

村瀬嘉代子

注1　Human Computer Interaction（HCI, ヒューマン・コンピューター・インタラクション）

本書について

■どんな視点で書かれているか

　本書は「プログラミング学習で挫折したくない人」「プログラミング学習をやりなおしたい人」を対象に、「挫折しにくい習い方」「こころが傷つきにくい学び方」をテーマにお話しています。

　本書は2人の専門家によって書かれています。1人は、ソフトウェア開発会社を営むプログラマー。「社外メンター」もしています。もう1人は、防衛省に勤務する臨床心理士／公認心理師。「心理カウンセラー」といえばわかるでしょうか。2人は夫婦です。

　個人の学習能力を支援する援助職には「トレーナー」「コーチ」「カウンセラー」「メンター」があります。それぞれの役割が何に着目し、どの能力を伸ばすのかという観点から見ると、

●**トレーナー**
　現在に着目し、知識と技能を習得させ、自信を深めることを支援する。

●**コーチ**
　現在と未来に着目し、行動を計画して目標達成を支援する。

●**カウンセラー**
　過去に着目し、現在への影響を計りつつ、感情整理や問題解決を支援する。

●**メンター**
　人や物事の関係性に着目し、ロールモデル（手本）となって、行動やふるまいを支援する。

がそれぞれの役割といったところでしょうか。もちろん、それぞれの職種が、それしかしない……ということはありません。スポーツ競技のコーチが、かつてアスリートで、現在はメンターでもありトレーナーでもある、ということはよくあります。小中学校の先生は、四職すべてを兼務しているともいえるかもしれません。

　それぞれ役割の境界は明瞭ではありません。私たち夫婦も「メンター」「カウ

ンセラー」とそれぞれ呼ばれていますが、状況に応じてコーチングもしますしトレーニングもします。ただ問題に接したとき、最初の観点をどこに置くかとなれば「メンターの視点」「カウンセラーの視点」が始まりとなることが多いといえます。本書はそうした立場・視点で書かれています。

■依存から自立へ

　私たちが職務で意識すること。その一つは「私たちが役に立つ」のは「私たちがいないとき」ということです。

　たとえば、職場や学校のカウンセラーに、家の事情を相談したとします。そして家に帰って、相談したことが奏功するとき、カウンセラーは隣にいません。メンターも相談者に助言を与えたり、見本を示したりしますが、仕事や勉強そのものを手伝うわけではありません。相談者は「あの人ならどうするだろうか」と、隣にいないメンターを想像して、いま直面している課題に取り組みます。

　すなわち相談者が、カウンセラーやメンターに会っているとき、問題はその場になく、カウンセラーやメンターから離れた場所で、相談者は問題に対峙します。「一緒にいてくれたらいいのに」と相談者は思うかもしれません。ときにはそうすることもあります。しかしそれを続けることはありません。それは「依存」の関係になるからです。良い援助は「自立」をうながすものです。最終的に援助者がいらなくなることを目指しています。

　学習の本質もまた「自立」です。良い先生・良い教科書は、早く捨て去られるほど良質です。本書もそうあってほしいと、私たちは願います。これを読んでいるあなたがこの本を閉じたとき、あなたは元いた世界、職場や教室や家に戻ります。そして本書がないところで（私たちがいないところで）

　「あの本ならどういうか」「あの人ならどうするか」

と思い浮かべられる存在でありたいと私たちは願い、この本を書いています。

■ケースレポートについて

　本書では、実話に基づいたケースレポート（クリニカルシナリオ）をエピソー

ドとして掲載しています。私たちは、これらのエピソードを個人のプライバシーにかかわる内容と考え、ICMJE（医学雑誌編集者国際委員会）統一投稿規定に準拠し、個人の氏名、住所、生年月日、病歴、写真など、個人を特定できる情報は削除または変更して書いています。また査読者の立場となる編集者は、登場人物のプライバシー情報を口頭／文書を問わず一切受け取っていません。エピソードの内容についても秘密保持のため、主旨を変えない範囲で一部事実を改変・話し言葉に脚色をしています。

　このためエピソードの客観性・真実性は査読者によって担保されていません。私たちもケースレポートの学術的価値を考慮して書いていません。エピソードをケースレポートとして論文などへ引用する場合はそうした点に注意してください。

■用語

本書における、プログラミング、コーディングの位置づけを図で示します。図の接続線は、本書で用いる用語の文脈上のつながりを表します（主従ではない）。

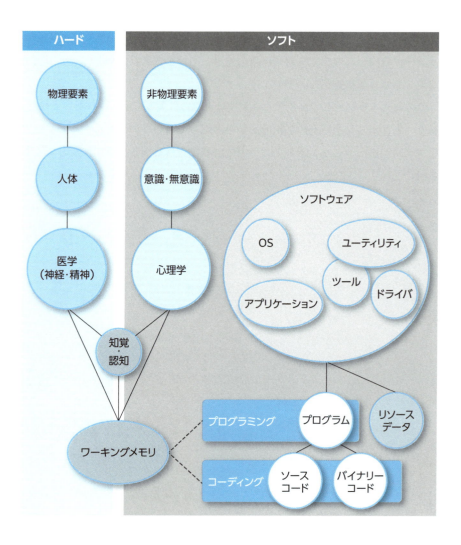

もくじ

本書の出版を祝して……………………………………………… iii
本書について………………………………………………………… v

序章　再起動 ……………………………………………………… 1

第1章　レディネス ……………………………………………… 9
　レディネスとは ………………………………………………… 10
　プログラマーは儲かります ………………………………… 11
　日本でなぜプログラマーが不足するのか ………………… 13

第2章　日本人を克服する──
　プログラミング学習の前に日本人であることを解決する …… 19
　英語圏の思考 …………………………………………………… 20
　新しい価値を実現する ………………………………………… 27
　プログラミング学習をどのようにやめるか ……………… 33

第3章　入門の方法 ……………………………………………… 41
　どの言語がいいですか？ …………………………………… 42
　どこで学ぶ？ …………………………………………………… 49
　学習計画はどう組む・どう選ぶ？ ………………………… 51

エピソード：生き方 ……………………………………………………… **57**

　事例 ……………………………………………………………………… 58

　紹介（X年4月）………………………………………………………… 59

　出会い（X年4月）……………………………………………………… 60

　最初の訪問（X年5月）………………………………………………… 65

　最初の授業・「動いている」ものを扱う感覚の形成

　（X年5月）……………………………………………………………… 69

　原付免許（X年5月）…………………………………………………… 71

　三者面談（X年6月）…………………………………………………… 74

　反復学習による収穫逓減（X年6月）………………………………… 79

　直感の人／確かめる人（X年6月）…………………………………… 81

　卒業制作（X年7月）…………………………………………………… 83

　エピローグ（X年8月〜）……………………………………………… 86

第**4**章　**思い込みの解除** ……………………………………………… **89**

　その一歩が出ない ……………………………………………………… 91

　変数がわからない人 …………………………………………………… 95

　動くことを把握する …………………………………………………… 107

第**5**章　**プログラマーはなぜ**
　　　　プログラミングができるようになったのか …… **111**

　プログラミングは文を作る・つまり作文することである … 112

　ワーキングメモリは人によって違う ………………………… 118

　プログラマーになった人がしてきたこと ………………… 125

第6章 自分に合う本を選ぶ …… 133

知識だけではなく「思路」を書いた入門書を選べ ……… 134

パラグラフ形式が為した功罪 ……………………… 138

あなたに合う書籍 ……………………………… 144

逐次処理と同時処理 …………………………… 150

エピソード：一冊の本 …………………………… 157

事例研究 ……………………………………… 158

出会い（X年9月） …………………………… 159

2回目（X年10月上旬） ……………………… 163

メールによる相談 …………………………… 165

3回目（X年10月下旬） ……………………… 166

名著とされるものの本質 ……………………… 169

私が派遣されたもう一つの理由 ……………… 174

一冊の本が会社を破壊する …………………… 175

X年11月上旬 …………………………………… 176

最終日（Xi年1月中旬） ……………………… 178

第7章 プログラマーへの道 …… 183

立ちはだかる壁 ……………………………… 184

小さなプログラムすら完成しない …………… 184

いまーつ楽しくない ………………………… 187

適切な学習時間がわからない ………………… 191

向いていない気がする ……………………… 193

第 **8** 章　**構造化とオブジェクト指向、そして問題解決** … **197**

オブジェクトが難しいのではなかった・
人を見ていなかったのだ ……………………………………… 198

構造化 ……………………………………………………… 198

リファクタリング ………………………………………… 199

ソフトウェア設計 ………………………………………… 203

オブジェクト ……………………………………………… 207

問題解決 …………………………………………………… 214

第 **9** 章　**プログラマーの拠り所** ……………………………… **223**

独り立ちへのレディネス ………………………………… 224

言語という拠り所 ………………………………………… 224

モチベーションという拠り所 …………………………… 227

ストレスという拠り所 …………………………………… 230

あとがき……………………………………………………… 234

参考書籍……………………………………………………… 236

取材協力……………………………………………………… 236

著者プロフィール…………………………………………… 243

序章

再起動

●序章 再起動●

1991年、私は東京の測量会社を辞し、地元・高知で父が営む工務店に勤務していました。23歳でした。

10代はパソコン雑誌にプログラムを投稿したり、新聞やテレビで「学生プログラマー」として取材を受けたりもしましたが、大学生になってからはプログラミングと縁を切っていました。番組制作会社のアルバイトで映像制作に携わるのが楽しかったですし、父の工務店で働き始めてからも、休日に番組取材や編集を手伝っていました。

でも。好きなこと・やりたいことより、その人の得意なことに仕事は回ってくるものです。

地元の中堅企業が販売システムを更新する際に、販売データが移行できない、という問題が生じました。この企業の社長が父の友人で「どうにかできないか」と私に相談を持ち掛けたのが、プログラマーとしての私の再起動でした。片手間で2週間程度の仕事でしたが、その謝礼が「20万円」と高額で驚いたのを覚えています。それをきっかけに、ソフト開発の仕事が入るようになり、私は父の工務店から独立することになりました。

同じ高知の中心市街地で事務所を構え、私はそこに「パソコンショップ」を併設しました。プログラマーの事務所は、あまり来客がありません。1人でやっていれば誰ともしゃべりません。パソコンショップであれば多少賑やかになりますし、何より現金収入があります。ソフトウェアは数週間から数ヶ月・ときには数年かけて作ります。その期間は無収入です。パソコンショップの現金収入はありがたいものです。

1年経つ頃には、昼間はご老人サロン、夕方は中高生のたまり場、夜は近所の子供が寝る前に散歩名目でPCゲームをしにくるような地域コミュニティの場所になりました。展示している中古PCを自由に触れるように開放していたこともあるのでしょう。徐々に「ミニ教室」のようになっていったのです。

そうした中、昼間通ってくる高齢者のお1人で「コウ（幸）さん」という70代後半の女性がおられました。ボリュームのある白髪にパーマをかけ、ワードプロセッサ（ワープロ）を左手に抱え、常に整った身なりでこられました。コウさんのたたずまい、特にスッと伸びた背筋が、茶道か日本舞踊の心得を思わせます。もともとは、東京か神奈川にお住まいだったようです。詳しくはわか

りません。なぜならコウさんは自分のことをおっしゃれないのです。コウさんは4年前から脳梗塞による右手麻痺と失語症を患ってらっしゃいました。

いま思い返せば、コウさんの失語症は「ブローカ失語」というタイプで、言葉は理解できるが、自分から発することは難しい、というものでした。まったくしゃべれないわけではなく「こ……ここここ……こんにちは」というように、言葉の最初の文字はいえるけど、続きが出てこないという状態です。

コウさんは、右手の麻痺で文字を書くことができず、電話でもしゃべれません。そのため遠方の親戚や友人とやりとりができません。しかし指一本で活字がプリントアウトできるワープロなら、あて名書き・本文を自分1人で書くことができるのではないか。コウさんはそう考えたようでした。

意図を理解した私でしたが、実際に教え始めると思ったとおり困難の連続でした。高齢者はIT機器の操作が苦手になりがちです。最も大きな理由は「リエゾンの欠落」です。リエゾン（英 liaison）とは、結び付き・橋渡し・連携といった意味です。IT機器の多くは「複数の機能」を結び付けて使うことで、複雑な作業を可能にしています。たとえばワープロで、文章の一部を別の部分からとってくる、という作業。これを、コピーアンドペーストと呼びます。すなわち「文字列選択」「コピー」「カーソルをコピー先に移動」「ペースト」という4段階の操作です。

高齢者もそれぞれの機能は覚えられます。一時的にやり方を思い出せなくても、こうすればいいですよ？ と見本を示せば「あーそうだった、そうだった」というのです。記憶はできるのです。ところが「文字列選択」「コピー」「カーソルをコピー先に移動」「ペースト」という一連の操作を結び付けて思い出すのは、多くの高齢者が苦手とします。それぞれの動作のたびに「ハテどうしたものだっけ？」と止まるのです。これがリエゾンの欠落です。理由は年齢による記憶力の減退……もあるのでしょうが、生きてきた文化が「一つのボタン」に「一組の意味」しかなかったから、というのが大きいのでしょう。家電のボタンがそうです。

そのことは私も承知していましたが、コウさんの場合はもっと深刻でした。カナを入力し、変換、一覧から漢字を選択するという3ステップが把握できませんでした。だいたいの高齢者は3ステップのリエゾンまではできるのですが、

●序章 再起動●

コウさんは2ステップが精一杯でした。

詰みました。少なくともワープロを学ぶという方向は。

どうしたものかという私の表情を汲んだコウさんは、「こここ……これ、いい……印刷」と私にメモ帖を開いて見せました。コウさんが指さしたそこには、達筆に「清子」と書かれていました。「これを入力する方法ですか?」と尋ねると、コウさんは申し訳なさそうに、うなずきました。

　　　キ・ヨ・コ、変換、(選ぶ)、確定

その4段階を紙に書き、目の前で実演しました。コウさんは、紙に書かれた手順を、ひとつひとつ指で追い、何度も失敗しながら、どうにかして「清子」という字を打とうとされました。その表情は真剣そのもの……というよりも、画面をにらみつけているような差し迫った気迫がありました。

その日からコウさんは「清子」という字を打つためだけに、教室に通ってくるようになりました。清子という方が、どんな人なのか私に知るすべはありませんでした。

しばらくして私は思いつきました。コウさんがやりたいのはワープロを使うことではない、人とコミュニケーションをしたいのだ、と。

コウさんは最初の1文字目は出てきます。ならば……

私は、当時出たばかりのCD-ROM電子辞書で「カナ前方一致検索」をするFEP(フロントエンドプロセッサ)を簡易製作しました。いまでいう「入力予測機能」と同じものです。1〜2文字をカナ入力するとCD-ROMから熟語候補を引き画面に表示しました。カナを入力し、候補の一覧からカーソルで選ぶ、という2.5ステップの操作。懸念しましたが、幸いにもコウさんは、これを使うことができました。そして1時間ほどで「うれしい」「うれしい」「うれしい」と3回書いて、私の手をにぎって何度も頭を下げられました。この「コウさん専用FEP」を、私は中古のNEC98ノートにインストールして「おうちで練習してください」と無料で貸し渡しました。

翌週、コウさんを担当する保健師さんが来店され「あれは売り物なのか?」

4

と尋ねられました。コウさんとのコミュニケーションが格段に向上した、ぜひとも、ほかの方にも使ってもらいたいということでした。「売り物じゃない」と正直に答えました。CD-ROM辞書はNECの販促物でしたし、入力処理はマイクロソフトのドライバを流用していました。個人開発したものを個人が使うから、お目こぼしが期待できる程度のものです。

とはいえダメもとでNECとマイクロソフトに連絡をとり事情を伝えたところ、NECは「あなたのソフトウェアに当社広告を付属する」という名目なら無償で配っていいとして、CD-ROMを10枚送ってくださり、足りなきゃ補充すると。マイクロソフトはMS-DOSを買ってくれたら、ドライバを無償で使っていいよ、という英文のレターを米国デラウェア州から届けてくれました。両社の厚意により、このFEPは、その後15年近く福祉現場で使われることになります。どれだけコピーされたか見当もつきません。

それよりも、私のやりがいになったのは、コウさんご自身とコミュニケーションがとれるようになったことでした。FEPを使って、コウさんは少しずつご自身のことを語ってくださいました。

コウさんは、失語症を発症するまでは書道の師範であり、地元では著名な俳人でした。ご主人は旧海軍の軍人で空母・加賀の乗員でした。ご夫婦は神奈川県川崎市に住まわれていましたが、ご主人が戦場に赴き、お住まいは防火帯建設で地区まるごと疎開となり、コウさんは昭和17年（1942年）に7歳の長女を連れて、満州ハルビンの親類のもとに移住します。ところが昭和20年8月（1945年）のソビエト参戦により、満州は戦場となります。貨物列車に乗って逃げる中、10歳の長女は発疹チフスを発症しました。抗生剤がなかったこの当時、発疹チフスは致死率の高い病気であり、やがて肺炎となった長女は陸軍病院（兵站病院）のテントの中、故国を夢見ながら息を引き取られました。

その長女のお名前が「清子」でした。メモ帖に書かれた達筆の字はコウさんが書かれたものでした。

昭和21年（1946年）、コウさんは帰国しましたが、住んでいた川崎に家はなく、ご主人とも連絡がつかないため、満州開拓団の多かった高知に友人とともに住むようになったのだそうです。幸いなことに、ご主人は生存しておられやがて再会、ご夫婦ともに高知で暮らし始めました。

●序章 再起動●

　新たに一男一女をもうけますが、長女の清子を忘れる日はなく、朝に、晩に、その名前をつぶやいて、おはよう、おやすみなさいとコウさんは祈り続けていました。コウさんの詠まれた俳句の中に、亡き娘を想う歌があり、コウさんの痛みは癒えるものではないことを、誰にとなく静かに叫んでいる様子がうかがえました。その気持ちを共に哀しんでくれたご主人が亡くなられてから久しく、ある日遊びに来ていた孫の昼ご飯を作っていたとき、コウさんは倒れました。ぐるぐる視界が回る中、自分はもう死ぬんだと思ったそうです。そして「キヨちゃん、キヨちゃん」と長女の名前を呼び続け、わからなくなった、とおっしゃいました。

　運ばれた病院で意識は回復しましたが、そのときすでに病院の先生や看護師のいっていることがわからず、自分に起きていることを認識するのに数ヶ月後かかったといいます。最も落胆したのは、長女の名前が思い出せないことでした。長女のことは、なんだって克明に思い出せる。長女が亡くなる前日、長女と最後に交わした会話は、川崎のおうちの井戸水が冷たくて気持ちよかったこと。その情景も全部覚えている。声も覚えている。だけど言葉だけが消えている。名前も出てこない。自分のカラダのうちに残る長女の痕跡を、ひとかけらも失うまいと、大切に抱きしめ続けてきた記憶を、自分は失ってしまった。そのことが惜しくて惜しくてしめつけられる心持ちだったそうです。

　言語障害は時間の経過とともに日常生活が営める程度には回復しました。しかし、自ら話す「発話」は障害が残ったままとなりました。

　転機が訪れたのは、発症から3年後。コウさんの俳句仲間が集まり、コウさんの歌集を自費出版する企画が立ち上がったときでした。俳句仲間の1人が持ち込んだワープロ専用機を見て、これなら自分に使えるかもしれない、と感じたのでした。

　コウさんは、長女の名前をいえなくとも、文字に出して亡き娘とお話をしたかったのだと思います。さっそく購入し、複数のワープロ教室に通ってみましたが、ついていけず、やはりダメなのかとあきらめていたところ、自身のペースで通える私の教室を知った、というわけでした。

　結果としてコウさんのワープロ習得はなりませんでしたが、代わりにコウさんはパソコンが使えるようになりました。それにとどまらず、コウさんの発話

機能も少しずつですが回復し始めたのです。「コウさん専用FEP」が入力支援をすることで、コウさんの言語機能の刺激になったのかもしれませんし、コミュニケーション量が飛躍的に増えたことで、コウさんの脳内に残された別の部分が言語機能を代替し始めたのかもしれません。

　私の上京に伴い、教室は1996年でいったん幕を下ろしました。私の本業のほうで開発したアプリケーションの売れ行きが好調で、東京に事務所を構えることになったためです。ですが、コウさんとのやりとりは続き、帰郷して会いに行くたびに「高知に戻ってまた教室を開いてほしい」「結婚はまだか」と私をせっついて、回復ぶりを見せられました。

　コウさんは2010年に老衰により94年の生涯を閉じられました。ご子息によれば介護施設の陽の当たるベランダで洗面器の水をなでながら「キヨちゃん」といったのが、母から聞こえた最期の言葉だったそうです。

　私はソフトウェアが、人生を変えると思ってはいません。しかしソフトウェアが、その人の姿勢を変えることで、結果として人生を変えることはあると思っています。

　これは他者に対してだけでなく自分自身に対しても同じです。自分というのは変えたくてもなかなか変えられないものですが、姿勢だけなら比較的容易に変えられます。姿勢を変えたその時間と積み重ねが、自分を変えていくことはあると思います。とりわけ、プログラミングを始める……すなわちソフトウェアを「使う人」から「作る人」への姿勢変化は、様々な新しい変化をその人にもたらすでしょう。そこから始まった変化は、それまでにない視点へとつながり、自分自身だけでなく周囲も変える可能性を秘めています。

　ただ。なぜその人はプログラミングを学びたい、と一歩を踏み出したのか。「教える側」が、そのことに思い至れてきたといえるでしょうか。パソコンを習いたい、プログラミングをしてみたい、といわれれば、教える側はつい「目標」を設定し、それに必要な「基礎力」に意識が向いてしまいます。その人がなぜその一歩を踏み出そうとしたのか、その人の背中を押したものはなんなのかは

顧みられません。しかし、学習者の多くはその一歩を踏み出した、その理由にこそモチベーションの種火が灯っています。そのモチベーションを次の大きな火につなぐ前に、目標だの基礎力だのいわれてしまうと、数日で・あるいは数分で情熱が冷めてしまうかもしれません。

事実、これだけ独習用のプログラミング入門書が売られていますが、それによってプログラミングできるようになる人は5％に満たない、と著者の間で語られます。米国のある調査では、独学でプログラミングを始めた人の90％以上が1週間で挫折するといいます。せっかく踏み出した一歩を、教える側が台無しにしているかもしれません。

そこで私は、一度プログラミングに挫折してしまった人でも再起動できる本を書くことにしました。本書が対象とする読者は、既存の学習方法では挫折してしまう90％以上の人です。プログラミングに際し、人の学習スタイルにはいくつかの属性があります。これにピシッと合わないと、人はたやすく挫折してしまうものなのです。逆に本書は、プログラミングを挫折したことがないという人に対しては書かれていません。既存の学習方法でプログラミングができる人にとって、本書は「イライラする」「むしろわかりにくい」かもしれません。その理由も本書は説明します。

本書は、プログラマーとなる人の属性に基づき、そもそもプログラミング学習はどうすればよいのか、という点を主に扱います。学習のやり方や教科書選びからやりなおします。ですからプログラミング言語はなんだってかまいません。本書はそれらの副読本になります。

やりなおそうと思った人全員を、本書が再起動させます。

本書の刊行に際し、万難を排して共同執筆してくれた臨床心理士の妻。あなたがいなければ本書は絶対に成り立ちませんでした。そして、その妻にこころよく執筆許可を送ってくださった防衛省関係各位、ならびに書籍化に向けて尽力くださった株式会社技術評論社・池本公平氏にこころより感謝申し上げます。

(山崎晴可)

第1章 レディネス

●第1章 レディネス●

▶ レディネスとは

　どんな勉強も用意が必要です。たとえば教科書などの教材や筆記具。これは
わかりやすい用意です。

　一方で、見えにくい用意もあります。勉強するために必要な知識や経験、覚
悟、やる気など、こころの準備。集中や記憶を維持するための健康な体。勉強
したことを正当に評価する、家庭や学校、団体。個人の勉強の成果を社会に還
元する組織、企業、法制度。……そして十分な時間。そうした人や地域、社会
のそれぞれに用意があって、個人の学習が成立します。

　心理学ではこれらの用意を「レディネス」(英 readiness) といいます。教育
的な意味では、基礎的なスキル・知識の用意が整っている状態を指します。も
しあなたが、かつて一度ならずプログラミングに挫折したことがあるなら、そ
れはレディネス作りが不足していたのかもしれません。

〔**教育的なレディネスの例**〕

- ●「書くレディネス」→しゃべることができる
- ●「割り算のレディネス」→九九が暗記されていること・および引き算のスキル

〔**プログラミング学習で学習者自身に必要となるレディネス**〕

- ●知的好奇心
- ●問題を出され、それを解いたときの満足感
- ●四則演算ができる程度の算数力
- ●15〜20分程度の持続した集中力
- ●何をすれば・どうなるという程度の論理的思考力

　さらにプログラミング学習で挫折しないための重要なレディネスに**「準備の
ないことに挑まない」**というのがあります。よくあるのが、<u>自分にとって難度
の高いプログラミング言語</u>にいきなり挑戦してしまうことです。

　よく覚えておいてください。**プログラミングはレディネスにシビアです**。知
的な準備ができていない領域を学習しようとしても、良い成果は得られません。

10

プログラミング学習は、年齢にかかわらずビジュアルプログラミング言語から始めるのが安全です。そして、これを難しいと感じたならただちに難度を下げ、アンプラグドプログラミングから始めるべきです。それでも難しければ、数学パズルまで下げます。

　プログラミング学習はレディネス作りが重要であり、逆にいえば、レディネスが適切でありさえすれば、つまずくことの少ない学習ジャンルです。

1. 数学パズル
数独や推理パズルなどの論理パズルを解くことで、論理的思考力と問題解決能力を養う

2. アンプラグドプログラミング
コンピューターを使わずに、思考実験やロボットを使ってプログラミングの基本概念を学ぶ

3. ビジュアルプログラミング
「スクラッチ」などを使用して、プログラミングの基本的な構造(変数、ループ、条件分岐)を視覚的に学ぶ

4. テキストプログラミング
PythonやJavaScriptなどのテキストベースのプログラミング言語に移行し、基礎的なコーディングスキルを学ぶ

5. プロジェクトベース(課題実習)
簡単なプロジェクト(数当てゲーム、電卓アプリなど)を作成し、実用的なスキルを養う

▶ プログラマーは儲かります

　プログラミングは果たして社会に必要とされるスキルでしょうか。プログラミングを学ぶ経済的な価値はあるのでしょうか。これも広い意味で社会のレディネスです。

断言します。プログラマーは儲かります。筆者はプログラミングによっていただいたお金で、ささやかなビルを買い、都心に住み、本を書き、40代でフルタイムをやめました。いまは自分の会社で午前中働いて午後は畑で野菜を育てています。

　一般的にプログラマーの年収は2010年代に正社員年収400万円程度・フリーランスで700万円程度でしたが、2020年代はSEを兼務できる技量のフリーランス（10年）で1,000万円が年収相場になりつつある、というのがソフトウェア会社として「雇う側」の実感です。プログラマーの中にはスケジュールに追われるあまり、自虐的に「IT土方」を自称する方もおられます。本物の土木・建設現場の作業員として働いたことのある私からすれば、特別なチャンスがなくても就労できる職種であることは共通しているものの、屋根のある職場で、あるいは自宅で好きな飲み物をいただきながら、ほぼ同等の収入、あるいはペースに見合った収入が得られることは忘れたくないと思います。

AI時代のプログラマーの役割

　生成AIの登場で、プログラマーの需要が減る・失職するのではないかともいわれましたが、筆者はまったくそう思いません。生成AIは、思考を代替しますが、感性の代替はしません。生成AIがプログラムに責任を持つこともありません。

　「プログラム」は、テレビのリモコンや、エアコン内部、時計、LED照明にいたるまで、いまや家じゅうのあらゆるところに存在します。それらをAIやAI生成のプログラムにすべて置き換えることは、コストや安全性の点から（理論的にはできますが）現実的ではありません。

　プログラムは「ソースコード」として人に読める状態で管理します。これは何かのときに、原因の発見と修正を人がするためです。最終的に人が責任を持つからです。もしAIに本気でプログラミングを任せたら、人の思考ロジックとかけ離れた（よって修正も困難な）バイナリコードのプログラムを直接生成することでしょう。ブラックボックス化したこのプログラムを人類が許容するのは、かなり先の話です。当面、プログラミングに人は不可欠です。

　とはいえ、人のプログラミング「単独」のスキルは、世界的に見れば一部の

国で飽和しつつあり、それだけでは有力とみなされなくなっています。日本よりも有利な学習環境で、ずっと以前からプログラミング教育に力を注いできた国もあるからです。これから先のプログラム制作は、1人の人の感性や異なる職業体験・人生経験に、AIが思考補助（アシスト）してプログラムという形に変えていく調和の力が重要視されるでしょう。

▶ 日本でなぜプログラマーが不足するのか

　日本の経済産業省が公表した『IT人材の供給動向の予測』(2019) では、2030年時点で最低約40万人・最高約80万人のIT人材が日本国内で不足することが懸念されています。不足人材のすべてがプログラマーというわけではないにせよ、この先もプログラマーは需要の高い職種であることがうかがわれます。

　明らかに儲かるはずなら、なぜ皆がやろうとしないのでしょうか。なぜプログラマーが不足するのでしょうか。世界的に共通しているのは、

- 第一に、1980年代から始まった「デジタル化の波」がテクノロジーを加速し、それまでの業務をデジタルに置き換え、それによって市場の需要が旺盛であること
- 第二に、プログラマーを市場が求めるレベルまで養成するには、時間がかかること
- 第三に、新しいプログラミング言語や開発フレームワークが次々と登場し、1人の人間がすべてを習得し続けるのは困難であること

などがあります。

　これに加え、日本では戦前・戦後の長きにわたり、行動心理学ベースの刺激型教育が行われてきました[注1]。生徒の前に「情報」を並べ、先生や保護者が刺激（プレッシャー）を与え「記憶」させることを「教育」とする考え方です。

　これは日本における教育文化を形成しました。先生（個）：生徒（多）として、

注1　藤田和弘 著.「継次処理」と「同時処理」学び方の2つのタイプ：認知処理スタイルを活かして得意な学び方を身につける, 図書文化社, 2019. p.36～37

●第1章　レディネス●

一方向性の受動的学習モデルが形成され、教育ノウハウが積み重ねられました。それが有益だった時代も、確かにあります。均質化された人材が必要とされた時代にです。

しかしコンピューターの出現で情勢は一変しました。社会は少品種大量生産から、多品種少量生産を求め始めました。これはモノに対してだけでなく、ヒトにもです。

コンピューター・それ自体「双方向」の教材です。コンピューターは生徒1人に対して反応（レスポンス）し、それを生徒が考えて入力して返していく連続的な教材です。こうした教材を扱うには、自動車の運転教習のような、生徒1人1人の個性に対応する能動的学習モデルが必要です。ですが、日本の現実はこうです。

「はい、みなさん！　ではPRINTと入力してくださいー、P・R・I・N・T。あ、きみ、それちがいますよーPですよー、はい、あなたはそこ、Tですー」

だいたいこんな感じです。従来の一方向性・受動的学習モデルの教え方だと、そうならざるをえないのです。このやり方では、生徒たちを指示に従わせるだけで精一杯であり、プログラミングの本質的な力を育成するには効率的とはいえません。これは日本のIT産業の競争力低下につながる問題です。

教員や企業に丸投げされたプログラミング実務者教育

1978年の学習指導要領・第4回全面改訂から学習モデルの改善は進められてきました。しかし、従来の指導方法を堅持したいという勢力は強く、能動的学習モデルへのシフトはゆっくりとしたものでした。このため学校教育におけるプログラミング教育は、教員の資質に丸投げされてしまいました。従来の一方向性・受動的学習モデルではプログラミングができるようにはなりませんから、個々の教員の創意工夫で成り立たせることになりました。

ですが、プログラミング教育における学校教員の創意工夫を「正しく評価する仕組み」は整っておらず、生徒が習得したプログラミング能力を評価する仕組みも「穴埋め問題」に代表される、的外れな試験制度が中心です。その結果、

▶日本でなぜプログラマーが不足するのか

「教えているフリ」「学んだフリ」の構造が教員と生徒の間で醸成されてしまい、プログラマーの養成は企業のOJT（オン・ザ・ジョブ・トレーニング、職場で働きながら実務を通じて行われる訓練や教育）が多くを担っています。プログラマーになろうと教えを乞うても、できる教員に当たるかは運しだい。これではプログラマーが不足するのもうなずけます。

　この点を本質的に解決しようとする国家的な動きは見られず、集団教育としてのプログラミング学習は、日本においてレディネスが十分とはいえません。

日本の施策

　プログラマーを含めた深刻なIT人材不足について、日本国政府も『デジタル人材の育成・確保に向けて』（内閣官房）として、年間45万人のデジタル推進人材の育成を目標に掲げています。併せて小学校では2020年度から、中学校では2021年度からプログラミング教育が必修化されました。

　文部科学省・小学校プログラミング教育の手引（第三版・令和2年）によれば、プログラミング教育で、情報技術・問題解決する力・探求する態度を養うことにより、社会・算数・理科・音楽など他の教科に良い効果がありますよ、という狙いです。小学校段階ではその「気づき」を掴んでもらい、中学校段階では簡単なアルゴリズムやネットワークリテラシー、高等学校段階では（普通高校・専門校で深度が異なるものの）UMLなどを用いたモデル化や初歩的なプロダクトマネジメントなどを学びます。

　非常によく練られていますが、いずれの段階も「体育の時間に、サッカーやソフトボールなど球技を体験する」のと同じで「選手を育成する熱意まではない」というレベルです。プログラミング教育とは呼んでいますが、プログラミングそのものの時間は多くとられていません。もちろん、いろいろな生徒がそれぞれの目的で通う学校教育なので、そこは当然のことです。学習指導要領の中で、ITに興味を持つきっかけを作ってもらえただけでもIT業界としても大いに助かることでしょう。

　ただ、この施策だけで、IT技術者を年間45万人も育てるという目標は、いささか遠いのではないかという印象を私は抱いています。

（山崎晴可）

●第1章　レディネス●

大分類	小分類	得ようとするもの
A.知識及び技能	情報と情報技術を適切に活用するための知識と技能	1. 情報技術に関する技能 2. 情報と情報技術の特性の理解 3. 記号の組合せ方の理解
B.思考力、判断力、表現力等	問題解決・探求における情報を活用する力（プログラミング的思考・情報モラル・情報セキュリティを含む）	事象を情報とその結び付きの視点からとらえ、情報及び情報技術を適切かつ効果的に活用し、問題を発見・解決し、自分の考えを形成していく力
		1. 必要な情報を収集、整理、分析、表現する力 2. 新たな意味や価値を創造する力 3. 受けての状況をふまえて発信する力 4. 自らの情報活用を評価・改善する力
C.学びに向かう力、人間性等	問題解決・探求における情報活用の態度	1. 多角的に情報を検討しようとする態度 2. 試行錯誤し、計画や改善しようとする態度

※情報活用能力の体系表例（文部科学省・令和元年度版）よりプログラミングに相当する部分を引用作成

知識でプログラミングはできるのか

「プログラミングは技能だ。学習の手順を文書化し、それを知識として学べばプログラミングはできるんじゃないか？」

そう思う人もいるでしょう。その考え方は、フレデリック・テイラー(米，1856-1915) が提唱した「科学的管理法」に由来するものです。テイラーは、あらゆる職人的技能は、標準化された手順とその文書化によって再現可能であり知識にできるとしました。テイラーはこの考えに基づき、個々の労働者の経験や勘に頼らず、文書化して統一された方法で高い生産性を実現することを目

16

指しました。それを最も体現したのは、第二次大戦後の日本だったといわれています[注2]。そのためか、前項で述べたようにプログラミングを知識として学ぼうとする人が日本人にはたくさんいます。

しかし断言します。知識でプログラミングはできません。テイラーの「科学的管理技法」は、米国や日本の産業に貢献しました。ただし、それは「ハードの生産」に対してです。ソフトの生産に対しては、使えないのです。野球のルールブックを読んで、メジャーリーガーになれるでしょうか？ 小説が書ける！という本を読んで、誰もが小説家になれるでしょうか？

学校教育であれば、プログラミングは音楽や美術のような「実技教科」といえます。実技教科は、手を動かし、体験を自分にフィードバックすることが重要になる教科です。もちろん実技教科であっても、底力をつける目的で、音楽理論（楽典）や美術史のような「知識」を学ぶことも必要です。ですが、手を動かさない限り、知識を持っているだけではその教科を学び取ることはできません。

それにもかかわらず、てっとりばやくプログラミングを学ぼうと、体験を「知識」で代替しようとする人がおられます。資格や検定試験に合格してプログラマーになりたい、といった動機の方に多いようですね。おそろしいことに、一部の教員・教科書の著者まで「知識をそのまま伝える」ことを前提としていることがあります。教える側も「問題を解かせて合格すれば習得したことにしよう」という人がいるわけですね。

そうした学習方針によって実際のプログラミング能力を支障していることは悲劇であるという指摘もあります。[注3]

▌自己満足だけの学習から脱出し、本物のレディネスを備える

確かに目標を切り、テストによって進捗を確かめ「達成度を定量的に見る」ことで満足するのはわかります。最後に検定や卒業があって、そこに書かれた「称号」が、その後の自信につながることもわかります。そうしたことに価値を認める民族的傾向が、そうした需要を生じ、知識をそのまま詰め込むカリキュ

注2　P.F.ドラッカー著. プロフェッショナルの条件, ダイヤモンド社, 2000,p.16
注3　上松恵理子 編著. 小学校にプログラミングがやってきた！超入門編, 三省堂, 2016. p.70-72

●第1章　レディネス●

ラムが生まれてしまうのも理解はします。

　ですが念を押します。知識でプログラミングはできません。生徒がどれほど意欲的であっても、そうしたカリキュラムそのものが、プログラミング能力の習得を阻害し、できない結果へと導いてしまうことがあるのです。

　平成20年（2008）から学習指導要領に加わった「思考力、判断力、表現力」（前ページのコラムの表）は、重要なターニングポイントでした。しかし、それが教育者・生徒の多くに定着しているとはいえません。

　日本の文化の中で育った人がプログラミングを学習するには、こうした複数の文化的ハンディキャップから逃れなければなりません。つまり、プログラミングを学習する準備（レディネス）に

　「日本人であることのハンディキャップを克服する」

ことを含めないといけないのです。

第2章

日本人を克服する──
プログラミング学習の前に日本人であることを解決する

●第2章　日本人を克服する──プログラミング学習の前に日本人であることを解決する●

▶ 英語圏の思考

英語力とプログラミングの関係

　プログラミングには英語力が必要だ……という認識を持つ方が多いようです。確かにプログラムの知識がない方が、一般的なプログラムのソースコードを見れば、

　「うわ 英語ばっかり！」

と圧倒されるかもしれません。プログラマーは英語ができると思われていることもしばしばです……。ソースコードで英語のように見えているのは、**ただのアルファベット**のことが多いですけどね。どういうことか？ 実は、ほとんどのプログラミング言語が**英語を理解しない**のです。

"Show A on the screen." (画面にAを表示せよ)

とプログラムに書いても、たいていのプログラミング言語はエラーを返します。文字Aを表示するなら、こうなります。

Python：
```
print("A")
```

PHP：
```
<?php
echo "A";
?>
```

　まずまず英語っぽいとはいえます。英語っぽいですが、ほかのプログラミング言語で、同じやり方 (英単語) が通用するとは限りません。上記のような「文字表示」一つとっても

20

Pythonはprint、PHPはecho、C言語はprintf、C#はWriteLine、Javaはprintln

など、もうバラバラです。つまり、たとえ英語が堪能な人であっても、プログラミング言語を使うにあたっては、それぞれの言語の使い方を覚えなければなりません。逆にいえば、英語が不得手であってもスタートラインはたいして変わりません。**プログラミングの習得において英語は必須ではないのです。**それよりも、あなたが持つ「日本語」。これがプログラムの習得をじゃまするかもしれません。日本人にとって、こちらの問題がより深刻です。

イメージを描く場所が異なる

英語・スペイン語・フランス語などSVO (Subject-Verb-Object) 型言語は

「相手の脳内のキャンバスに描画」

するような話し方をします。たとえば、自分の朝食がうな丼だったとき、

(I had a bowl of eel for breakfast.)

 I

● had a bowl

● of eel

- for breakfast.

と、相手の脳内スケッチに描画するように話します。一方、日本語（SOV型言語）では

- 「今朝うなぎだった」

自分の脳内イメージを断片的に発する傾向があります。その断片的表現に対して、聞き手は「言葉で話され**なかった**こと」を推察します。言葉が示したイメージに、前後関係や、話されたときの状況から全体像を類推するわけです。「察しの文化」ともいいますね。脳内スケッチを描く責任が、聞き手に委ねられています。

日本人の対話スタンスと英語圏の価値観

「コンピューター」は19世紀の機械式計算機にルーツを持ちます。アメリカやイギリスなど英語圏を中心として発達しました。コンピューターに対する命令も

「人が、コンピューターのメモリに描く」

ことを前提としています（人間側を推察する、という構造にはなっていません）。そして多くのプログラミング言語で、英語のようなSVO型の文法構造を使います。出力されるエラーも、コンピューターの状態をユーザーの脳内キャンバスに展開する言葉であふれています。それは英語圏の言語コミュニケーションがそうしたものだからです。

日本人にそういった概念は薄く、PCからのメッセージを注意深く読み取ろうという態度は弱いものです。どちらかといえば、コンピューターの動きが自分の意図と合っているか・それを拒否されたかという白黒思考でコンピューターに反応しがちです。エラーを読まないのは、英語だからとか、不自然な日本語だからだけでなく、そもそも察するものでない相手に、察することを繰り返し、察することができず、察することをあきらめてしまったからです。もはや読む姿勢がありません。そのため日本人のプログラミングは「コンピューターに言うことを聞かせる」というスタンスの方が多いのではないでしょうか。対話の姿勢はあまり感じられません。

相手のイメージを理解し、言葉で挙動を描きこむのがプログラミング

「相手のイメージに言葉で描く」という仕組みは、英語圏の人にとっては自

▶英語圏の思考

然なことです。プログラムを使った「図形描画」でも、コンピューターのメモリに、言葉で指示してドローイング（描画）します。Windowsであれば、DrawLine（線）、DrawRectangle（長方形）といった制御命令があります。

　一方、日本人にその仕組みは馴染みません。プログラミング教室の授業で「図形描画」を扱うとよくわかります。英語圏の初心者がコンピューターの座標系に自分がなりきってトライアンドエラーでプログラミングしている隣で、日本人は紙を用意してその上に鉛筆で図形を描いたり、定規で長さを測り、電卓でコンピューターの座標系に変換したりします。

　自分のポジションを変えたがりません。

　見方によっては、日本人のそうした文化や認知特性が、日本人のモノ作りの背景であり、強さといえるのかもしれません。だけどそんなところで、そんなチマチマやってたら、疲れて離脱する人がプログラミングでは出てくるのです。**相手の土俵を理解し、その中に挙動を描きこむのがプログラミング**という本質。その単純な概念の体得が遅いばかりに、多くの日本人は消耗します。

　そこで、筆者の教室ではプログラミングの最初の時点で

「コンピューターはこちらを察してくれません」
「私たちは相手のイメージに描いて・わかってもらう姿勢が必要」

と断言しました。たった一言ですが、コンピューターさんが持つイメージを変えるんだ、という意図を把握してもらったところ、生徒の着手や理解が速くなりました。こうしたことから、少なからず日本人は相手のイメージに描くことが「不慣れ」ではあるが、民族としてできないわけではない、ということがわかります。

　ただ「（日本人に）相手のイメージに描く習慣が乏しい人がかなりいる」ということは学習者・指導者ともにわきまえておかないと、その先の学習効率に影響します。プログラマーになってからも、その自覚がないばかりにストレスを溜め、無自覚に疲弊しかねません。このことは入門レベルの段階で、しっかりと説明あるいは把握する必要があると思います。

25

● 第2章　日本人を克服する──プログラミング学習の前に日本人であることを解決する ●

英語が使えるとプログラマーには便利

　もちろん英語力そのものはプログラマーに有益です。英語の知識があれば、プログラミング言語の理解は多少ですが、速くなるかもしれません。標準的な命令や関数はどの言語も英単語がよく使われるためです。また、中・上級プログラマーの領域に達すると、他国のWebページに掲載されたサンプルコードを素早く読まねばならぬことがあります。そのために、その国の言語知識が必要なこともあります。さらに職業としてプログラマーの道を歩む場合、他国の技術者とコミュニケーションをとりながら共同で開発を進めていくこともあります。そうしたときに英語力があることで人や学術研究とのアクセスが増え、それだけキャリアアップの機会も広がるでしょう。

　プログラミングの習得に英語は必須ではありませんが、英語が使えると学習には便利です。

✎ CSS が苦手な理由

　プログラミングではありませんが、Webデザインで用いるCSS（Cascading Style Sheets／カスケーディングスタイルシート）がどうしても覚えられないという方がおられます。近年のWebデザインはデスクトップ、タブレット、スマートフォンなど、あらゆる画面サイズの端末で支障なく見られるよう「レスポンシブデザイン」が主流になっていますが、CSSはその要の技術になります。

　このCSSは「相手の描画イメージに描く」という概念に向けて設計されているので、レスポンシブデザインと相性が良いものですが、「自分のイメージの表現方法」として使おうとすると、なかなか掴みどころがありません。「相手のイメージに描く」という概念を掴んでおくと、CSSでもつまずきにくくなるかもしれません。

（山崎晴可）

▶ 新しい価値を実現する

あなたは自分の価値観を知っているか？

人は自信のないことをするとき、あるいは自信を失いかけているとき、いつもならできるはずの選択ができなくなる。そういうときがあります。たとえば「萎縮」がそうです。萎縮はその人が持っている自由を、自ら失わせます。過度に失敗をおそれたり、自己効力感が低下したりなどです。そこまでハッキリと自覚しなくても、プログラミングに初めて挑む、あるいは一度はあきらめたプログラミングに再チャレンジするときは、本来の自分から、少し制約された状態になります。本来の能力は発揮していません。

そうしたとき、学習する「意味」が明確になると、人は強くなり、本来の自由を取り戻しやすくなります。学習する「意味」は他者に強制されるものではありません。意味を規定するのは、それぞれの人の価値観です。

察しの文化の中にある日本人は、アサーション（自身の考えや感情を適切かつ率直に表現すること）の機会が少なく、**自身の価値観を具体的に意識していない**人が多く見られます。社会が少品種大量生産の時代なら、この国民性は有利だったかもしれませんが、多品種少量生産の現代にあって自らの個性を求められる時代では、明らかに弱点です。

シュプランガーの6つの価値

価値観は様々……といいますが、類型化の試みもされてきました。教育学者のエドゥアルト・シュプランガー（独1882-1963）は、「人間は価値を追求し、意味に生きるものである」としました。その価値を真・美・利用・愛・権力・聖の6つに分け、それぞれの価値（意味）に生きる人を

理論人、美術人、経済人、社会人、権力人、宗教人

●第2章　日本人を克服する──プログラミング学習の前に日本人であることを解決する●

と名付けました^{注1注2}。そしてシュプランガーは人の行動を類型化し「価値類型論」を提唱しました。現代風に述べると次の表のようになります。

価値類型	志向	特徴
理論的な価値観	理論志向	論理を重視、真実の追求が好きな人
審美的な価値観	芸術志向	美を重視、調和・創造性が好きな人
経済的な価値観	経済志向	損得を重視、利益・実用性・経済性が好きな人
社会的な価値観	社会志向	協調性を重視、人間関係を大切にする・奉仕が好きな人
権力的な価値観	政治志向	リーダーシップを重視、影響力を発揮するのが好きな人
宗教的な価値観	宗教志向	道徳を重視、調和・一体感・精神性が好きな人

　あなたが「プログラミングを学んでみよう……」そう思った学習の動機は、これらのどの価値観が背景にあったでしょうか。思い出して、最も近いものを選んでください。これを尋ねるのは、あなたが「プログラミング能力」を「どのような方向で社会に開花させていきやすいか」得意となる方向を予測できるからです。価値観は普段は意識していませんが、行動や思考に影響を与えています。自分では当たり前だと思っていることに、あなたの価値観が出ているものです。

- 学習そのものは目標にしないこと。
- さしあたっての目標は、自身の価値観の延長線上に置くこと。
- 自身の価値観を有利に使う一方で、決してそれに縛られないこと。

　これらは、学習に挑戦するうえでたいへん重要です。価値観の視点を持つことで、あなたが学習する「意味」は、より明確になります。学習の意味を知ることによって、**あなたは学習に対して主体的な立場となり、人生の主人公としての自由が取り戻され、モチベーションとストレス耐性が向上します。**

　自身の価値観に基づき、あなたの新しい価値を実現する手段。その一つとしてプログラミングがあります。それが明瞭になることで、あなたのプログラミ

注1　シュプランガー. 伊勢田耀子 訳. 世界教育学選集 18 文化と性格の諸類型1, 明治図書出版, 1969, p.131 〜 245
注2　シュプランガー. 土井竹治 訳. 青年の心理, 五月書房, 1973, p.462 〜 463

28

▶新しい価値を実現する

ング学習はより強く支えられるでしょう。

職業レディネス・テスト（VRT）

　自身の価値観がはっきりしない……ということもあるでしょう。その場合、ハローワークで無料で受けられる「職業レディネス・テスト」(VRT) のRIASEC・ホランドコードが、シュプランガーの価値類型と共通部分が多く、参考になります。ホランドコードは心理学者のジョン・L・ホランド（米1919-2008）が提唱した職業選択における性格タイプです[注3]。自分の内面を知ることができるかもしれません。機会があれば、ぜひ受けてみましょう。

個性	RIASEC	特徴	価値類型との対応
現実的	Realistic	実践的で手を使う仕事を好む	経済的
研究的	Investigative	分析的で知識や真理を追求する	理論的
芸術的	Artistic	自己表現や創造性を重視する	審美的
社会的	Social	他者との交流や助け合いを重視する	社会的
企業的（説得的）	Enterprising	リーダーシップや影響力を重視する	権力的
慣習的（同調的）	Conventional	構造と秩序を重視する	宗教的

注3　氏原寛ほか共編. 心理臨床大事典, 培風館, 1992. p.1118

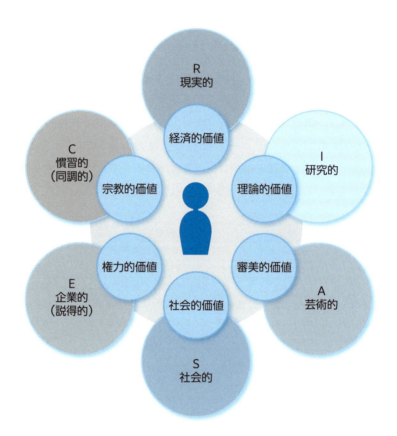

ソフトウェアの価値

　シュプランガーの価値類型はソフトウェアのジャンルにもあてはまります。ソフトウェアの価値類型と自分の価値観の親和性を重ねることで、将来的にプログラミング技術を使って、自分が何を達成すると有利なのかを明確にすることができます。また、すでに作りたいアプリやサービスがあってプログラミング学習を始める場合、あらかじめソフトウェアの価値類型を確かめておくと、挫折しにくくなります。

　次の図は2024年現在、ソフトウェア技術で共通部分が多いジャンルを価値類型で並べ替えたものです。これから作ろうとするソフトウェアのジャンルが、あなたの価値観から離れているときは、丁寧な下調べなど、十分な準備をして

▶新しい価値を実現する

おくといいかもしれません

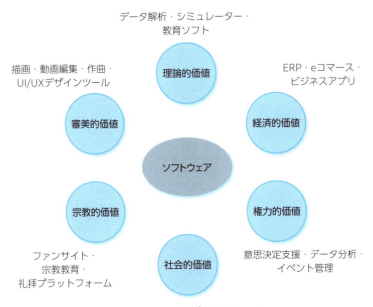

※本図は筆者が配置したものです。シュプランガーは類型の相関に詳細な言及をしていません。

価値観によって生じるバッドポイント

　プログラマーが持つ価値観は、体系化した知識や鋭利な切り口をもたらす一方で、ほかの価値観を見落とすおそれを生じさせます。ときにはチームワークにおいて、対極の価値観を排除しようとするなど、衝突の原因になることがあります。他者との衝突であれば、価値観がわかりやすく表面化しますが、自身の中で衝突が生じている場合は、図で示したようなウィークポイントとして潜在するため厄介です。

●第2章　日本人を克服する──プログラミング学習の前に日本人であることを解決する●

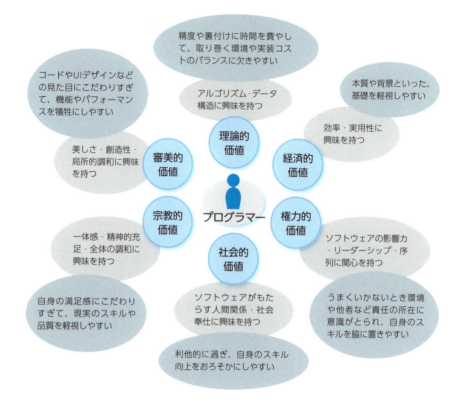

　自身の価値観を大切にするあまり、狭い視野で活動していると、新たな可能性や経験を取りこぼすことがあります。これを防ぐためには、自身のウィークポイントに対して常に意識的であり続け、バランスを保つことが重要です。主軸となる価値観が生涯にわたって一貫している人もいますが、過去から現在、あるいは将来において価値観は変化する可能性があります。自分を決めつけることなく、そのとき・そのときで柔軟に取り組むことが大切です。

早期教育

2〜3歳からプログラミングを学ばせたいという相談を受けることがあります。思考力や判断力を早期に養いたいという希望からです。人の発達は遺伝と環境で

成り立ちますが、早期教育は環境を意図的に操作しようという考えです。

　確かに言語能力は、環境の影響を強く受けます。しかし、早期教育については効果測定の方法が限られています。ある方法で効果があったように見えても、何もしなかったらどうだったのか、という測定を1人の人間に対して行うことはできません。プログラミングが、積み木やブロック玩具と比較して、空間認識能力・問題解決能力を向上させたという話は聞きません。3歳以前の記憶は「幼児健忘」で思い出せなくなりますし、ワーキングメモリも複雑な言語操作ができるまでの形になるのは10歳以降です。

　もちろん「プログラムで遊んだ記憶」があることは、あらゆる教育ハードルを下げます。ロボットプログラミングやアンプラグドプログラミングは、それが楽しいと本人が思えるのであれば、積極的に取り入れてよいでしょう。それでも10歳未満であれば「教育」という形にはせずに「楽しかった思い出」として、こころに温められるエピソードであることのほうが、生涯にわたって有益であるように私には感じられます。

（山崎晴可）

▶ プログラミング学習をどのようにやめるか

▎いきなり長期目標は設定しない

　いまからプログラミングを勉強しよう、というときに「やめる」という話。いささか戸惑われることでしょう。ですが大切なことなのです。これは学習の「終了条件」のお話です。

　国家試験や検定試験の合格を目標に、そのレベルまで学習しようという方がいます。プログラミング学習に「卒業」や「ゴール」を設定する人ですね。あるいはプログラミングでお金を稼げるようになりたいとか、ソフトウェア開発会社に就職したい、プログラミングができる誰かのようになりたいといった「自分像」を設定する人。これらのいずれもが「成功」を終了条件としています。高い成功目標を設定すれば、自分のモチベーションを維持できると思うかもし

れません。

しかし目標に到達するまで「続けること」を前提とした学習は、それ自体がリスクです。なぜでしょうか。

成功する自分像を、長期間にわたって持ち続けられる人は多くありません。理想の自己像を簡単に描ける人は、ほかの分野を見ても都合のよい自己像を描けます。うつろいやすく、ストレスが溜まる局面では「この努力が自分の将来とどうつながるのか」と疑問に思い、投げ出したくもなるでしょう。もちろん、投げ出していいのです。自分に合ったスキルがほかに見つかったのであれば、ムリしてプログラミング学習にしがみつくことはありません。人の適性・適職は様々です。

しかし「続けること」を前提としているとき、人のこころはそう簡単ではありません。学習の終了条件が「成功」に設定されていると、目標に達しないまま学習を終えることは、その人自身や周囲にとって「失敗」と感じられやすくなります。あるいは成功した「自分像」を描いて学習していた人は、「なれなかった自分」の残骸をそこに置いていくことになります。そのことを自分に納得させる「言い訳」が用意できる人はいいでしょう。しかしたいていの人はこころの傷になります。特にプログラミングは、一度何かで挫折した人が再起をかけて挑戦することができる技能です。一度ならず傷ついた人が、さらに傷を増やす結果になるべきではありません。

まずは、ためしに1週間ぐらいやってみる、おもしろければ1ヶ月ぐらいやってみる。つまらなければ、そこでやめちゃう。その程度の短期目標でいるぐらいが、プログラミング学習には適しています。ビジュアル／テキストのいずれのプログラミングでも、変数・条件・繰り返しを体験する程度が、だいたい1週間です。それらの基礎を完全に使いこなせるようになる目安が1ヶ月です。中・長期目標は、続けられるメドがついてからでも遅くはありません。

継続は効果的だが、それだけが方法ではない

前項で述べたように、気合を入れてスタートした学習を、途上で断念することはよくあります。学習のための時間がなくなったり、興味が失われたり。人ですから、当たり前です。そんなことを、いちいち失敗だと感じていたら、う

かつに学びごとが始められなくなります。

　でも、一定の年代や、その年代の影響を受けている人（家族など）は、学習からの離脱を失敗として受け止めやすいものです。その傾向は、1989年より前に国内で基礎教育を受けた日本人に顕著です。「第1章　レディネス」でも触れましたが、文部省（当時）の学習指導要領では1977年頃まで「行動心理学」を軸としていました。その当時は生徒の前で先生が適切に説明すれば、生徒は勝手に知識を吸収していくものと考えられていました。吸収できなかったとすれば、生徒がまじめに聞いていなかったか、先生がわかりやすい説明や刺激を与えなかったか、どちらかが「悪い」と考えられました。

> 「普通にやっていれば勉強は最後までできるはず、できないとしたら何かが悪い……」

　2024年現在、おおむね50歳以上の人がこの考えの教えられ方をしています。しかし1989年学習指導要領（平成元年度改訂）より、明確に認知心理学が導入され、いわゆる「新学力観」となりました[注4]。認知心理学の発展により、学校教育によらずとも、人は外界からの刺激を常にキャッチして「考えるロジック」をこころに作り上げていくことがわかりました。生活によって次々に作られていく「考えるロジック」によって人は情報を分析・分類・記憶し判断につなげていく。そうした「人の特性」に沿って教育も行われるべきものになりました。

　くだいていえば、茶道の修行をしていたら、プログラミングもできるようになっちゃったとか、そういう話です。いったん社会に出てから高校や大学の授業を俯瞰したとき「こんなにもおもしろかったのか」と再発見することがあるでしょう。意識ある限り、人のロジックは発達を続け、物事の見え方は常に変化し、それまで理解できなかったことが、あるとき突然わかり始めることがある。だから、その勉強が合わないと思ったら、さっさとやめてほかの勉強をしたほうがいい。そのうち戻ってきてわかることもある。それが現代の学習方法であり、それに寄り添うのがいまの教育となっています。

　ところが「始めたものは最後までやり切れ」「しんどければ自分に報酬を与え

注4　辰野 千尋. 学力観の変遷. 日本教育／日本教育会 編. 1999.12,p.6～11.

●第2章　日本人を克服する──プログラミング学習の前に日本人であることを解決する●

よ」という旧学習指導要領の教育を受けた50代以上。そしてそれを親に持つ、現在の20〜30代。初志貫徹をむねとし、脅迫的に「成功」（報酬）を目標に設定する人は少なくありません。

　学校などで広く行われているプログラミング教育も「目標」を設定することが推奨されますが、それが効果的なのは「先生」がついているときです。学校や家庭教師で「先生」がついているときは、やんわりと「目標」を「課題」にすりかえてくれるからです。ピアニストを目指す生徒に「次の発表会」「来週の課題曲」を提案するようにです。

　当然、独学の初心者に、そういった目標の課題化、ロードマップの再策定を1人でさせるのは無理な話です。自己学習においては、1人に適した「目標の置き方」「終了条件の設定」をしなければなりません。

■意志で続ける・義務に感じたらやめる

　プログラミング学習を行っているときに最も守ってほしいことがあります。あなたにとってプログラミング学習が、完全に「義務」に感じられるようになったら、ただちに休止、場合によってはやめるべきです。

　プログラミングは、常に「これを動かすにはどうすればいいのか？」という興味・関心が原動力です。その問いを自ら立て、自ら解き続け、自分に成功体験が積み重なることで、満足感が育ちます。その満足感によって、難解なアルゴリズムを編み出せたり、それをコードに変えてゆく持久力が育っていきます。こうして育つモチベーションの核が、後に大きな力・精神・スピリットとなってあなた自身で表面化し、同時にあなたの財産になります。理想的なプログラミング学習は、学習自体によるモチベーションを、作りたいものを作るモチベーションに変化させてくれます。

　しかし、あなたの技術や知識はどうあれ、あなたが意志を失い「義務」に感じた時点から、プログラミングに不可欠な成長の一つがそこで止まります。その状態からプログラムを書くのは苦痛でしかないでしょう。プログラミング学習に限ったことではありませんが、勉強は義務感ではなく、自分の意思で行わないと実を結びにくいものです。そこから無理をすれば、かえって悪影響を残します。つらい体験として、別の学習にまで影響しかねません。自分の意思で

36

▶プログラミング学習をどのようにやめるか

学習し、もし義務に感じ始めたら、やり方を変えるか、やめる勇気が必要です。

学習障害・発達障害

◆テクノロジーをうまく活用する

発達障害の一つである学習障害（局限性学習症）は、「勉強ができない」ということで意識されやすい面があります。「自分は勉強ができないのだ」「自分は〇〇ができないのだ」と学校で思い続けてから気づくことが多いです。そのため、それまでに長時間にわたる大量の学習という努力を続けてしまった人たちが少なくありません。努力をすれば克服できることはあり得ますが、努力の方向性が適切であることが肝心です。

学習障害で特に目立つのが読字障害です。知的な遅れや視聴覚障害がなく十分な教育歴と本人の努力が見られるにもかかわらず、知的能力から期待される読字能力を獲得することに困難がある状態、と厚生労働省のe-ヘルスネットでは定義されています。重度の読字障害は、小中学校の就学時に学校教員や保護者が気づきやすいですが、軽度の場合は見逃されることもあり、本人も気づかないことがあります。

テキストプログラミングでは大量の文字を扱います。読字障害があればほかの人よりもストレスが強く、疲れやすくなります。これもまた根気の問題・集中力の問題として自覚されがちで、自己肯定感を下げる原因になります。

多くのプログラミング環境（コードエディタやIDE）はフォントを変えられるので、UDフォントなど、読字障害にやさしい字体に変更して「ラクになった感覚」が得られるかを確かめてみるのも改善方法の一つです。コーディング時はスペルチェック機能を活用するとよいでしょう。

プログラミング書籍も、読み上げソフトを使用したほうが目で読むより理解が深まる人もいます。電子書籍ではフォント変更を用いることで、ぐっと読みやすくなることがあります（本書も電子書籍版があります）。

また発達障害と関連性が指摘されている「感覚過敏」「感覚鈍麻」では、視覚・聴覚・触覚が平均とは異なるため、ディスプレイの輝度・コントラスト・音量・キーボードの重さ・マウスのクリック感覚が、本人の意識しないところでストレスや疲れの原因になることがあります。これらも適切に調整することで、負荷を軽減させることができます。

重い学習障害があっても、適切に教育計画（IEP）を作成することでプログラミング学習は可能です。発達障害に対応したスクール、就労移行支援事業所もあり、学習障害に詳しい専門家の支援を受けることも重要です。臨床心理士・公認心理師や特別支援教育の専門家からのアドバイスを受けるのも選択肢の一つです。

（山崎彩子）

エピソード：おもしろくなるまでやる

　Mさんという20歳の女子大学生が私の教室に通っていました。私の会社では、週に1時間アルバイトをすると、アルバイト料のほかに1時間の個別指導を無料で受けられるという制度があります。彼女はそれを利用した1人でした。採用時に行った簡単な知能検査（キャッテル式知能検査）では平均より「やや上」という程度で、決して突出した知能の持ち主ではありませんでした。いわゆる「普通の人」です。しかし彼女には驚くべきものを見せられました。

　彼女はプログラミング教室で「C言語」コースを選ばれたのですが、たった4時間通っただけで、構文・データ型・入出力ストリームをマスターし、難関といわれる「ポインタ」に手が届くところまで習得しました。彼女はプログラミング経験があったわけではありません。まったくの初心者からのスタートでした。

　どんなこころの魔法を使っているのか尋ねると、やや得意そうに

　「おもしろくなるまでやる、と決めているから、かな」

と答えてくれました。彼女の終了条件は「おもしろくなること」でした。

　彼女は山奥の村で、全校生徒20人に満たない小中学校に通っていました。父親は村役場の職員、母親は主婦です。小学生時代の成績は普通か少し悪いほうだったといいます。中学一年生のとき、宿題で出た「比例式」

$$x:(3x-4)=3:7$$

これが、さっぱりわからず、いつもなら投げ出す性格だったといいます。しかし

▶プログラミング学習をどのようにやめるか

その日、周囲とケンカして虫の居所が悪く、やることもなかったので、ムカムカしながら意地になってその問題と組み合ったのだそうです。2時間ぐらいして

$x=6$

だとわかると、解いた自分に驚き「勉強って、自分だけでもできるものだったんだ！」と気づいたといいます。それまで勉強はどこまでも続く青天井のように思っていた、だからやる気が出なかったけど、急に「手近なところでいいのだ」といわれた。そんな気分だったそうです。学校の問題は必ず解けるようにできている。いつ投げ出すかという話だ。なら、投げ出さないラインまででいい。そこまででいいのだ……。

　毎日の勉強で、**おもしろくなるライン**を自覚し、そこまでやるという行為が、彼女の日常になりました。彼女はメキメキと力をつけ、県内でトップクラスの進学私立高校に合格し、国立大学に進学しました。塾や予備校に通ったことは一度もなく、受験対策は自宅学習だけだったといいます。その過程で育まれたのが「おもしろくなるまでやる」という彼女のポリシーでした。

　そういわれて、彼女のC言語におけるコーディングを見ていますと、例題を実行した後「動く理由」を確かめる動作が非常に多くありました。変数を大文字・小文字に変えたり、数値を変えたり、「動かなくなるまで手を入れ」いよいよ動かなくなったら再び「動くようになるまで手を加え」ていました。ある意味、遊んでいるわけですね。例題が動作するのはわかっている、ではなぜ動くのか？ を、自分なりの仮説を立てて確かめている様子が見えました。

　普通の人・すなわち受動的な人なら「例題」を見て、それが動くといわれたら「それを記憶しよう」とします。つまり例題が「正解」なのだから、次、同じ局面が来たらこのコードを使えばいいんでしょ？ よしわかった、覚えたぞ！ もうすることはない。そういうスタンスです。

　プログラミング学習の例題は、数学の公式ではありません。例題は覚えるものではなく、体験するために「使う」ものです。彼女は最初からそれができていました。「たいていの勉強はおもしろくできる」という自信が備わっていました。なので、迷うことなく挑戦を繰り返していました。学んだ1日1日が常に「終了条件」だったので、どの時点で学習をやめても自信を損なうことはなく、また「おもしろい」のでモチベーションが増大し続けていました。

●第2章　日本人を克服する──プログラミング学習の前に日本人であることを解決する●

　彼女は、Ｃ言語の構造体・共用体・ポインタを習得し、あっさり教室を辞めていかれました。受けた授業はわずか8時間でした。大学で情報学の講義があり、私の教室に通っていたのはそれをおもしろくするためだったから、ということでした。タダで実用レベルのＣ言語を習得し、アルバイト料まで掴んで持っていく様は、たくましく、爽やかですらありました。

（山崎晴可）

第3章

入門の方法

●第3章　入門の方法●

　もしあなたがプログラミングを学びたいと考え、Webを見たり本を読んで覚えようとしてみたけれど、結局、あなたの納得できる結果にならなかった……としても、それはあなたが悪いわけではありません。プログラミングを知識として記憶するという、非効率な方向から挑戦したということにすぎません。

　では、プログラミングでどのような体験をすることが、あなたのプログラミング学習を後押しするでしょうか。そのお話をします。

▶ どの言語がいいですか?

▌人気の言語？

「プログラミングをやってみたいが、どの言語で始めるのがいいだろう」

　よくある疑問だと思います。プログラミング言語の数は多く、特性や用途もそれぞれ異なり、その選択がその後のキャリアに影響があるように思わせます。

　どの言語もさして変わりませんよ……といってさしあげたいのですが、初心者がPerlやHaskellといったクセの強い言語で入門しようとしていたら、なぜその言語を選んだのか、筆者は理由を尋ねたくなります。

　IEEE（米国電気電子学会、アイ・トリプル・イー）の機関誌『IEEE Spectrum』が毎年・プログラミング言語のトップランキングを調査し公表しています。2023年のトップテンは

- 1. Python
- 2. Java
- 3. C++
- 4. C

42

▶どの言語がいいですか？

- 5. JavaScript
- 6. C#
- 7. SQL
- 8. Go
- 9. TypeScript
- 10. HTML

3

となっています。[注1]

　ランキングの2位Javaから6位のC#まで、Cライクなプログラミング言語で占められていることは興味をひきます。これらの言語同士は文法が似ているため、相互移行は難しくありません。また、ランキング上位に入る言語は、利用人口が多いため、世の中にその言語のプログラム例やライブラリ、参考書が豊かになる傾向があります。ソーシャルサービスで質問しても、回答がつきやすいでしょう。

　安直に考えると、ランキング上位のプログラミング言語から選びたくなります。しかし筆者はそれを学習用の第一選択肢とすることは推奨しません。

▎プログラミング言語は学習用と実務用で異なるほうがよい

　プログラミングという行為の中心は「考える」ことです。プログラミング学習も「考える」訓練でなければなりません。試験対策の学習なら覚えることでいいかもしれませんが、プログラミングは違います。

　プログラミングをしているプログラマーは常に選択を強いられます。構造やアルゴリズムの選択、どの関数を使うべきか、クラスにするべきか、いっそリファクタリング（作りなおし）してまとめるか。あらゆる選択に共通するのは、**目的を可能な限りシンプルにとらえること**、です。シンプルに見る能力は、基礎力に支えられます。

　どんな職業や競技でもいえることですが、基礎をみっちりやるのは**考えなくていいレベル**まで（ありふれたことを）たっぷりと体験しておき、**必要なときに必要な考えに集中できるように思考資源（リソース）を空けるために行われ**

注1　IEEE Spectrum Top Programming Languages 2023

43

ます。そのため、どの学習分野の「基礎」も、ありふれた汎用的な状況に洗練されています。些末なことを考えなくていいようにです。プログラミングにおいては、余計な思考をそぎ落とし、純粋に要求された課題を見たときに、シンプルな答えが浮かび上がります。プログラミングとは、常にシンプルな姿をとらえ考え出すことです。基礎力が高く広い人ほど手が速く、ムダのないコードを書けるのはそのためです。

それをふまえて、先のランキングを学習曲線で分類すると表のようになります。

最初は時間がかかるが、途中から急速にスキルが向上する	最初は簡単で、段階的に進めるが、全体の習熟に時間がかかる	初歩部分は簡単に習得できるが、終盤で伸びが鈍化する
基礎から入る言語	応用から入る言語	結果から入る言語
C……成果物が地味。メモリ管理とポインタが鬼門 C++……複雑な文法とメモリ管理の難度が高い Go……過剰にシンプルなため独特の操作が要求される TypeScript……入りどころの型の理解が初心者には難しい	Python……ほどほどにシンプル、フレームワークの選択と理解に時間を要する JavaScript……多用途だが、独学だと自己流になりやすい Java／C#……初心者でも使いやすいが、早い段階でオブジェクト指向と向き合うことになる	HTML／SQL……ほかのプログラミング言語とともに使うことが多い。社会の要求に応じて何度も拡張を繰り返してきた歴史があるため、すべてを把握するには極めて広大
1〜2年（500〜1,000時間）	3ヶ月〜1年（100〜500時間）	3〜6ヶ月（100〜250時間）

一番人気のPythonは「応用から入る言語」で、いきなり派手な成果物を作ることができます。細かな基礎は必要になったときに補充するだけで使うことができます。緩やかな学習曲線のわりに、自分ができる人になった気がします。当然、初期のモチベーションも高くなります。ただ、基礎を鍛える時間が十分でなかったプログラマーが労働市場で飽和し、手が遅く、コードの品質も低い人員が混じりやすいため、リスクを避けたい企業では、同じ応用から入る言語なら人材を見極めやすい「Java」や、人員数が確保しやすい言語（「PHP」など）が開発言語で選ばれやすくなっています。

一方、基礎をみっちり要するC／C++は、初期のプログラミング学習の多く

▶どの言語がいいですか？

が「Hello, World」を黒い画面に出すだけのような地味な局面が続き、独習で
マスターするのは精神力を要します。よっぽど好きでないと続けるのは難しく、
その様子は、学習というよりも「修行」「選抜」に近いものになります。ただ、
それだけに人材に対する信用が高く、C／C++の求人は常に活発です。

こういった現状から、2015年頃まで、

3

● **A**……現在の仕事や趣味のために、アプリケーションを作りながらプログラミン
グを覚えたい、というのであれば、学習難度が穏やかなPython、Java、
JavaScript、C#から学ぶ
● **B**……プログラマーという仕事をしたいというのであれば、C／C++で構文・デー
タ型・参照（ポインタの準備）・定数・関数までの基礎部分を短期間で学び、相
性が良ければC／C++を続け、苦手であれば応用から入るプログラミング言語
に移る『二段階学習』

という選択肢がありました。特に明確な動機がなければ、Bをとることが望ま
しく、学習用と実務用でプログラミング言語を分けることが、初心者を挫折さ
せない方法の一つでした。その二段階学習の「一段目」に、2015年頃から変化
がありました。ビジュアルプログラミング言語の登場です。

ビジュアルプログラミング言語

ビジュアルプログラミング言語は、コードを手書きする代わりに、ブロック
またはアイコンの形状をしたオブジェクトを使います。ドラッグアンドドロッ
プで、プログラムのロジックとフローを作成できるプログラミング言語です。
複雑なコードを書くことなく、視覚的なプログラムロジックにより、初心者が
プログラミングの基本的な概念を学べるようになっています。アルファベット
を使わなくていいので、日本の小学生・低学年でも教材として使えます。

ビジュアルプログラミング言語にもいくつかの種類がありますが、ブロック
を用いるタイプは外観がよく似ており、Scratch、Blockly、StarLogoなど有
名どころは、おおむね同じ操作性です。

プログラミングで身につける初歩の概念、たとえば「ループ」や「条件分岐」

45

の概念は、テキストプログラミングでも同じであり、テキストプログラミングに移行してコードを作る際にたいへん役立ちます。また、ビジュアルプログラミングでデバッグの基礎を学んでいることで、エラーの特定や修正が容易になります。

もとより、テキストプログラミング言語は「1文字違うだけで動かない」というデリケートさや、記法やインデントといった「こまごまとした作法」がありました。考える練習に到達する前に、覚えるべきことが多数あったわけです。これが初心者にとっての障壁になっていました。しかし、ビジュアルプログラミング言語・とりわけブロックを用いる言語では、

- ブロック形状によって、禁止行為ができない（はめ込めない）ようになっている
- ブロック形状そのものが、可能な操作を表している（明瞭なアフォーダンス）
- 文法不要で、プログラミングの概念に集中できる
- プログラムのロジックが視覚的で、流れが直感的、ロジックの移動が容易
- 問題点の特定がブロックの単位で可視化されているため、デバッグの基礎が自然に習得されやすい

という多くの利点があります。文部科学省では「プログラミング教育を行う際に必要となる基本的な操作などに関する教材」として、ビジュアルプログラミング言語のScratchやViscuitを例示し、教材として紹介しています。

もちろんビジュアルプログラミング言語に難点がないわけではありません。テキストのプログラミング言語と比較して、ビジュアルプログラミング言語の多くが、学習用として割り切られて作られているので、本職のプログラマーにとっては柔軟性や表現力に制約を感じることが多いでしょう。2024年現在、本格的なプログラムを作る場合は、テキストプログラミング言語に移行するのが現実的です。

- Scratch。ねこから逃げるプログラムを作る（文部科学省・小学校プログラミング教育に関する研修教材より引用）

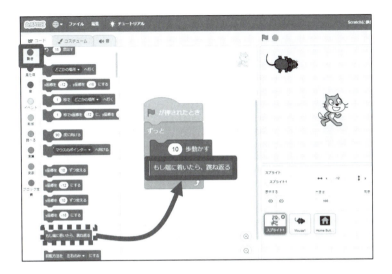

ビジュアルプログラミング言語で新たな学習ルートが開拓された

「ビジュアルプログラミングに習熟しすぎると、テキストプログラミングへの移行が難しくならないか？」

　心配ありません。多くのビジュアルプログラミング言語がテキストプログラミング言語への移行に対応しています。たとえば、MakeCodeでは、PythonやJavaScriptにその場で変換できます。それによってビジュアルプログラムとテキストプログラムを同時に比較できるので、理解の進みやすさは圧倒的です。BlocklyからJavaScriptへの移行など、あらゆるビジュアルプログラミング言語で具体的なガイドやツールが豊富に提供されています。
　こうした選択肢の充実によって、従来の『二段階学習』に変化が生じました。

〔従来〕

C／C++で構文・データ型・参照（ポインタの準備）・定数・関数までの基礎部

●第3章　入門の方法●

分を短期間で学び、その後もC／C++を続けるか、応用から入るプログラミング
言語に移る

これに加えて、

〔新ルート〕

ビジュアルプログラミング言語でプログラミングの基本概念（変数・条件・繰り
返し）を獲得し、次の1〜2のいずれかに橋渡す
↓
1. C／C++など最初が難しいとされるテキストプログラミング言語を、前段のビ
　 ジュアルプログラミング言語でやさしく乗り越えて全編マスターする
2. Python、Java、JavaScript、C#に対して、ビジュアルプログラミングの続き
　 から意図的に基礎で入り、基礎を固めてから応用に進み、全編をマスターす
　 る（三段階学習）

というルートが、新たに開拓されました。この新しい学習ルートによって、プ
ログラミングの基礎を身につける機会が増えました。初心者が挫折しにくくな
り、再チャレンジの人もやりがいのある効率的なルートが生まれました。今後
の新規学習者は、ビジュアルプログラミング言語が第一選択肢になってゆくで
しょう。

テキストプログラミング言語

　プログラミング言語は、プラグボード→パンチカード→数値→短い言葉（ニー
モニック）を経て、「手続き型プログラミング言語」という文章を用いたプログラ
ミング言語に発展しました。近年のプログラミング言語はテキストが当たり前で
したので、特に区別することはありませんでしたが、ビジュアルプログラミング
言語が登場し、プログラムのロジックを視覚的に表現できるようになったことで、
それまでのテキストベースのプログラミング言語を区別するために「テキストプ
ログラミング言語」という名称が生まれました。

（山崎晴可）

48

▶どこで学ぶ？

練習機・練習艦

　私が所属する海上自衛隊でも、航空機・艦艇それぞれに練習機・練習艦があります。実際の任務で使用する航空機や艦艇をいきなり使って、訓練を行うのは安全面や教育面でのリスクが高いためです。練習機では飛行技術を学ぶための基礎訓練や、操縦スキルを向上させるための訓練を、機種を変え段階的に行います。練習艦も同様に、海上での基本的な操作や戦術を学ぶための訓練を担当しています。

（山崎彩子）

単発練習機「T-5」

回転翼練習機「TH-135」

練習艦「しまかぜ」

出典：海上自衛隊ホームページ
https://www.mod.go.jp/msdf/equipment/

▶ どこで学ぶ？

　本書の読者は、書籍やWeb・動画サイト（オンラインコース）を使った**独学**をされる方を前提としています。自身が自由に時間を使える空間（自宅など）がプログラミングを学ぶ場所になるでしょう。ただ、独学以外の方法もここで明示しておきます。独学の方が、表に記載された「メリット」を、自分で準備するための参考になるからです。また、費用面だけで「独学」を選んでいるのなら、自治体のセミナーや放送大学講座、職業訓練校という手段もあることを知っておいてほしいと思います。また疾病などで休職・離職している人は、就労移行支援事業所にて実質無料でプログラミングが学べることもあります。

● 第3章　入門の方法 ●

種類	総額（目安）	期間	メリット	デメリット
専修・専門学校	約60万円〜	3ヶ月〜1年	定型のカリキュラム	学校のスケジュールに合わせて通学
オンラインスクール	約50万円〜	6ヶ月〜1年	通学不要、自分に合ったカリキュラムを相談できる	自己管理が必要、質問が気軽でないことがある
家庭教師	約30万円〜	6ヶ月〜1年	通学不要、自分に合ったカリキュラムで進行する	適切な家庭教師に当たることが運（ガチャ）
放送大学	約4万円〜聴講だけなら無料	3〜6ヶ月	学籍があると質問ができる（6回まで）学費が安いテキストが図書館にあることも	独学（自習）に近い、科目によってはサポートが少ない
夏期大学／市民大学（自治体のセミナー）	無料（教材費実費）	数日	極めて低コスト勉強のコツ／方向性が掴みやすい	「さわり」だけで終わる受講が抽選になることがある
就労移行支援	条件を満たせば無料	6ヶ月〜2年	個々人の特性や生活習慣に着目してもらえやすい	プログラミングを教えられる事業所が少ない実務家が教えているケースが多く、学校教員と比較して教育ノウハウが見劣りすることがある
職業訓練校	条件を満たせば無料	3ヶ月〜2年	就職できるレベルまで、しっかりカリキュラムが組まれている	受講生の空きがないことがある面接など選抜があることもある
友人や親戚	？	随時	質問しやすい初期費用が**あまり**かからない	お互いに気を使う／感情が表面化しやすい
独学	実費（テキスト・書籍代）オンラインコースは各1〜3万円	3ヶ月〜2年	ペースが自由、カリキュラムを自分で組み立てられる	自分に合った学習体系を自分で選ぶことが難しい孤独感がある

▶ 学習計画はどう組む・どう選ぶ?

学習プロセスとカリキュラム

スクールではカリキュラム (学習目標、教材、授業計画) を先生が作ってくれます。したがってスクールの授業を選択した時点でカリキュラムが自動的に決まります。

一方、独学では、自分自身でカリキュラムを選択・計画しなければなりません。勉強する時間、教材の選定、進行速度、学習評価、結果のフィードバックといった「学習プロセス」も、すべて自身で管理することになります。

安易に始められる独学ですが、教育という観点から見ると、たいへん綱渡り的な学習方法です。案外、人は自分のことをわかっていません。しかも、よりによってその分野の素人が、自分の教育方針を決めるわけですから。

しかし、独学は自分の興味関心に合わせた学習を行うことが可能、という強力なアドバンテージがあります。それを活かして独学を成功させるためにはいくつかのポイントを押さえておく必要があります。その中で最も大切なのは、自分の特性を知り、それに合った学習プロセスを作り、カリキュラムを計画することです。

直感の人／確かめる人

人はカラダの動かし方を段階的に獲得します。新生児の原始反射 (モロー反射や吸啜反射) から始まり、乳児期の四肢・体躯のコントロール、幼児期の「遊び」を通して、走る・とぶ・投げるという「運動能力」を獲得してゆきます。学童期に入ると、遊びは「スポーツ」の色合いを見せ始め、複雑な協調運動やバランス競技が加わるようになります。このとき児童の学びのタイプは「直感タイプ」と「確かめるタイプ」に、分かれていく傾向があります。

直感タイプは、体を動かすとき考えずに自身の感覚とイメージにトレースするように学習します。五感からのフィードバックを無意識が処理しており、習得が非常に速いですが、なぜその動作ができるかわかっていないので、スランプに陥ると長期化することがあります。

●第3章　入門の方法●

　確かめるタイプは、動作のひとつひとつを意識的に確かめ、そのときの身体感覚も細かく確かめています。五感の多くを意識が処理しているため、上達は遅いです。しかしその動作ができる理由がわかっているため、不調に陥っても容易に回復してきます。

　2つの中間タイプ、あるいは両方を備える人もいます。ある分野は直感タイプで、別の分野は確かめるタイプという具合です。ただ、一つの学びの分野で両方という人は少なく、たいていはどちらかにわずかでも偏ります。教員の多くが生徒のこうした偏りを経験しますが、その理論的裏付けに関しては、世界中で研究が行われています。

● デビッド・コルブ（米1939-）
「経験学習モデル」の収束型・発散型（直感タイプ）と同化型・適応型（確かめるタイプ）

● ハワード・ガードナー（米1943-）
「多重知能理論」の運動感覚知能（直感タイプ）と数学的論理知能（確かめるタイプ）

● ニール・フレミング（NZ1939-2022）
「VARKモデル」の体感的学習・K（直感タイプ）と視覚・V／読み書き・R（確かめるタイプ）

● カール・ユング（スイス1875-1961）
性格分類に基づく「MBTI」の直感・感情型（直感タイプ）と思考・感覚型（確かめるタイプ）

　それぞれの理論自体は、反論と再評価が繰り返され、それ一つでは決め手に欠く印象です。教育実務に持ち込むまでの論拠として、こなれきっているとはいえません。これらの分類が単純でないことは、後ほど第6章でもお話します。

　現段階では「直感タイプ」と「確かめるタイプ」という現象がふんわりと可視化されている、という事実に基づき、個々人のカリキュラムを導いていくのが現実的です。

▶学習計画はどう組む・どう選ぶ？

提唱者	理論	直感タイプの説明	確かめるタイプの説明
デビッド・コルブ	経験学習モデル	収束型・発散型	同化型・適応型
ハワード・ガードナー	多重知能理論	運動感覚知能	数学的論理知能
ニール・フレミング	VARKモデル	体感的学習・K	視覚・V 読み書き・R
（カール・ユング）	MBTI	直感・感情	思考・感覚

▌直感の人／確かめる人、それぞれの机上学習傾向

　学童期に表れやすい「直感タイプ」と「確かめるタイプ」の運動学習傾向は、青年期・成人期の机上学習のスタイルでも受け継がれていることがあります。

　直感タイプは、実技の多いカリキュラムが向いており「技能職」に適性が高いです。点数で合否がはっきり出る資格、あるいは進行の速い短期スクールに向いています。

　確かめるタイプは、座学や研究の多い長期的カリキュラムで本領を発揮しやすいです。スタミナやタフさが要求される「事務職」「研究職」に強いです。常に理由を把握するため、教える仕事に向いていることがあります。

　直感タイプは、予備情報のない事実を素直に受け入れる傾向があります。経験のない分野の説明を受けても、何かわからないが、そういうことなのですねと、腹に入れて脳内に描くのが得意です。論理的でない事象でも把握できるため、教えられた事実を柔軟にモノにできやすいですが、一方で、探求すべきときに掘るポイントを逃がしやすいです。

　確かめるタイプは、観察を重視する傾向があります。口頭で説明を受ける場合、ディテールの説明を好みます。矛盾の中にある本質を見抜くのが得意なため、うかつに他者に矛盾を突く質問をして「揚げ足をとる」ように受け取られることもありますが、矛盾そのものを否定しているわけではありません。一方で、子細に気をとられて全体の把握に時間がかかったり、慣れない分野の学習に時間がかかりがちです。

　では、プログラミングでは、どうでしょうか。うれしいことに、どちらのタイプでも、準備が違うだけで、両者とも同じゴールを目指せます。

　直感タイプは、コーディング時の無意識の比率が高いため、どうしてそう書

いたのか自分では説明できないことがあります。これは根拠がないというわけではなく、意識に上がっていないだけです。誤動作が出たときも直感で原因箇所を探そうとする傾向があるため、早い時期に「デバッガー」「ブレークポイント」の使い方を学び、デバッグセンスを磨くとよいでしょう。

確かめるタイプは、コーディング時の意識的操作の比率が高いため、資料や仕様書などの事前確認・準備のトレーニングが効果的です。開発環境も広めのディスプレイか、検索専用のタブレットPCを用意しておくと作業性が高くなります。

デリケートな話：あなたはどちら？

自分はこのタイプだな……そう思っていても実際は異なることがあります。それは「あなたが望んでいる自分のタイプ」かもしれないからです。

あなたを教える先生は、ぼんやりではありますが、あなたの学びのタイプを、先生なりの分類で把握しています。しかし、あなたのタイプを教えてくれることは少ないでしょう。気づいていたとしても、具体的な指導として生徒に特性を結び付けるのはリスクが伴い、本人に有益に伝えることが難しいからです。

とりわけ気をつかうのが「本人のやりたい学習スタイル」と「本人に向いた学習スタイル」が異なるときです。たとえば、完ぺき主義で最初から詰め詰めで勉強している人が、実は直感タイプの人だったというのはよくあります。消耗しているわりに成績が伸びず、本人は悩んでいます。だからといって、点数をとれるところからやったほうがいいよと指導すると、その人のそれまでの学習体系を壊すことになり、さらに成績が落ちてしまえば、学習意欲を致命的に失いかねません。

こういった自己イメージと現状の乖離（かいり）が起きているときは、「本人のなりたい将来」と「本人の適性」も極端に合っていないことがあります。すると学習指導そのものが、本人の希望（夢）を損ねるリスクになりますから、いっそ言わないほうがしあわせだと考える先生もおられるでしょう。ですので先生も間接的に指針を示唆してくれることはありますが、その理由については教えることに慎重です。そうなると、独学の場合、自分で気づくしかありません。

先に述べたように「自分が得意だと思っている学習スタイル」が、自分の適

▶学習計画はどう組む・どう選ぶ？

性と異なっていることがあります。自己判断には注意が必要です。自分が「直感タイプ」か「確かめるタイプ」のどちらであるかは、バイアスのかかっていない過去の経験を振り返ると見えてくることがあります。その一つの方法として、小中学生のとき

- たいして好きではないが、なぜか成績が良かった科目
- さほど勉強していないが、どういうわけか成績の良い科目

があれば、表を参考にスコアをとり、合計値の高いタイプが適性の目安となります。

　ただし、あくまで目安です。実際に成果を出せる学習スタイルを、経験に基づいて発見することが優先されます。もとより「直感タイプ」「確かめるタイプ」は、いずれかに自分をはめ込むのではなく、自分に合った学習スタイルがあることを理解し、最大限に活かすための足がかりとして活用するのが大切です。

	国語	算数	理科	社会	外国語	音楽	美術	体育
直感タイプ	2		2		2	1 演奏	1 見る	1 試合
確かめるタイプ		2		2		1 理論	1 描く	1 練習

それぞれの特性とカリキュラム

　プログラミング初心者の場合、最初の90時間（入門：ビジュアルプログラミング言語30時間、初級：テキストプログラミング言語60時間）を情熱的に過ごせれば、次のステップへの到達がより確実になります。中級〜上級プログラミングになると別の特性を考慮しますが、それまでは以下に示す特性とカリキュラムを参考に、コースやテキストを選ぶとよいでしょう。

● 第3章　入門の方法 ●

直感タイプ	確かめるタイプ
● 実技の多いカリキュラムが向いています。短期集中型のオンラインコースや、プロジェクトベース（○○を作ろう）の書籍といった、スタート時に、わかりやすいゴールが見えている学習が効果的です ● 15分単位で学習を区切り、こまめに休みを入れながら、合計45分間で成功体験となる目標を達成できる課題に取り組みます ● ビジュアルプログラミング言語では、トライアンドエラーのスタイルで、いろいろ動かしながら、動作の違いに意識を向けます。ロジックを形状的あるいは順序的に理解するようにします ● テキストプログラミングでは、コースや書籍で指示がなくても、なるべく早い段階でデバッグやブレークポイントの使い方を自主的に学び、エラーの特定と修正を習得します	● 説明が豊富で体系的なカリキュラムが向いています。理論と基礎を学ぶことから始め、ステップバイステップのオンラインコースや書籍を利用した学習が効果的です ● 20分・15分・10分の計45分を学習単位として、その時間内で概念・例題・応用の三段階を理解・経験するようにこころがけます。応用では理解度を確認します ● ビジュアルプログラミング言語では、アルゴリズムや構造の設計に意識を向け、しっかりと理解を深めます ● テキストプログラミングでは、意図的にエラーになるプログラムを書き、それを修正して成功させるプロセスを自主的に習得しておきます。エラーの文章内容と、示す特徴に早期に慣れておくことで、「原因調査がムダに深くなる（ネストする）」状況に歯止めがかかり、学習時に遅滞を生じにくくなります。
スクラッチプログラミングゲーム大全集（技術評論社）	親子でかんたん スクラッチプログラミングの図鑑（技術評論社）
	Scratchで遊んでわかる！中学数学（オライリージャパン）

エピソード

生き方

●エピソード　**生き方**●

事 例

　Ｙさん（当時18歳・男性）無職（不登校）。Javaでプログラミングに挑戦した経験はあるが参考書を読んだ程度。

　外洋貨物船の船員の父（同39歳）、自宅兼店舗の美容室を営む母（同42歳）の３人家族。父は商船高等専門学校を卒業し、現在勤務している外航海運会社に就職。母は着物の刺繍に興味があって商業高校卒業後、和裁学校に１年通っている。その後美容学校に２年間通い卒業し、地方都市の美容室に４年勤務した。父20歳・母23歳のときに結婚して１年後に長男（Ｙさん）を出産。産前産後は戸建ての自宅に家族ですごした。

　幼児期のＹさんは、おとなしい性格で１人で遊ぶことが多かったが、７歳から始めた「そろばん」で９歳までに珠算３級を取得し、小学校では暗算が得意な人として有名になる。それからは友人が増え自宅に連れてくるようになった。10歳・小学４年生から進学塾に通い始めるが、志望していた中高一貫校の受験では不合格。地元の中学校に通い始め、中学１年生の夏休み前までは通常どおり通学していたが、休み明けの秋から体の痛みを訴え、徐々に休みがちとなった。整形外科で痛み止めが出され、痛いときは本人から服用を求めた。中学校が迅速に動き、養護教諭が「保健室登校」を用意して、登校日数は確保されていた。しかし学業成績は最低に近くなり、高校は私立の努力校になんとか入れてもらった格好になった。

　高校は入学式に出席したものの、本登校から出席していない。ただ、

58

▶紹介（X年4月）

この種の私立高校の「引き出し」の多さで、養護教諭とスクールカウンセラーが連携して家族に対応しており、身体疾患や精神疾患の可能性がないか医療機関で受診することを担任を通じてアドバイスされている。紹介されて受診した総合病院の精神科では、半年の通院で明確な診断は出ず、心療内科に転科している。2年生になったはずの夏まで一度も登校しなかったため、学校の規定で退学となった。退学してから体の痛みを訴える数は減った。しかしそれまで相談に乗ってくれていた高校の担任・養護教諭・スクールカウンセラーとの関係がすべて切れ、サポートは総合病院の医師／心理士に引き継がれた。

▶ 紹介（X年4月）

　地域の夏期大学講座が主催する「ロボットプログラミング教室」で、私はゲスト講師をしたことがあった。その縁で知り合ったそろばん教室経営のS先生から「相談に乗ってほしいご家族がいる」と連絡を受けた。直感で「不登校ですか？」と私が問うと、S先生は「そうです」と答えた。児童のあらましを聞き、18歳・男性とわかった。

　応じれば不登校は私にとって4人目となる。不登校の扱いの難しさは身に染みていた。不登校といえば「ひきこもり」をイメージする人も多いが、実態は幅広い。学籍がありながら通学せずに友達とぶらぶらしていても不登校だ。動画サイトで活躍中であっても、中身は不登校ということがある。原因や背景は様々だ。

　「学校に行かないなら、せめて自宅でできる習い事をさせよう」

●エピソード　生き方●

　そうした意図でプログラミング学習を思いつく保護者は多い。だが、意図どおりになることはあまりない。私がこれまで受任してきた3人の不登校児は、たまたま運よく再起したが、そこまでの周囲の精神的代償は過酷であった。

　まして18歳となると、他人が介入する法的な根拠がない。不登校であれ、ひきこもりであれ「本人が選んだ生き方」になる。本人が嫌だといえば、私の教室に連れてこさせることはできない。家族の要請で私が家庭訪問しても、会いたくないと本人がいえば、そこまでだ。そこで私が退散できればいいが、実際はそうならない。母親が「帰らないでください先生！」と目を真っ赤にして叫び、父親は「せっかく来てもらったんだぞ！　会うだけ会え！」と子供がいる部屋のドアをバンバン叩きながら怒鳴る。こんな状況で、仮に当人が出てこられたとしても、素直な生の声が聴けるはずがない。出てこなければ、保護者の落胆、その後の親子喧嘩で「無理心中」になりはしないかと気が気でない。

　不登校の初回面接は、毎度こころが削られる。そのことを率直に述べると「それでは、これはどうでしょうか」とS先生から提案があった。

　「面接を私のそろばん教室でするというのは？　彼も数年前まで通っていた教室です。こちらは私と山崎先生。生徒とご両親も入れて4～5人で。初対面になるのは山崎先生だけになりますし、それでも本人が来れなければ、ご両親も別の方法を考えるのではないでしょうか」

　S先生は、私よりも不登校への配慮に長けていた。私も「（本人が外に出られるならば対応できる）」と考え、翌週に初回面接をスケジュールした。

▶ 出会い（X 年4月）

　教室には、家族全員で来談された。

　父親（39歳）は、がっちりした体格、眉毛にかかる少し長めの髪で、きちんと整えられていた。大きくやさしい目をしており、貨物船で航海士をしているという。勤勉な印象を与えた。

　母親（42歳）は、細面でセミショートヘア。美容師というよりスタイリスト

▶出会い（X 年4月）

と呼びたい外見。笑顔で「はじめまして」と述べたものの、商売人としては声にハリがなく、しっかりメイクも表情の疲れをカバーする様子に見えた。

本人・Ｙさん（18歳）はチェックのシャツに茶色のサマージャンパー。いずれも新品をおろしたように感じられる。やや痩せ形で身長は170cmほど。髪は耳が出る程度に切られてはいるが、頭頂部がマッシュルーム状に盛り上がるほど量が多い。母親が自宅で美容室を併設していると聞いているが、耳元や襟足以外は3〜4ヶ月は切られていない様子。ただクシは入っていた。大きなレンズの眼鏡をかけている。一見すると13〜14歳に感じられる。眼鏡のつるが外側に拡がり頭骨に合っていない。いつ作った眼鏡だろうか。目はときおり窓の外を見るほかは、何もない机の上をぼうっと眺めている。表情は柔らかい。緊張している様子はない。

家庭内暴力があるとき、被害を受けている家族がSOSを出そうとして「この人にSOSを出してもいいだろうか」と、こちらの有様をうかがっているときがある。そういった緊張感は、この家族の中にはなかった。

そろばん教室のＳ先生が「ご家族がそろって来ることができてよかったです。Ｙくん、よく来てくれたね」と本人をねぎらった。ＹさんはＳ先生の目を見て軽く会釈した。私のほうはチラッと見て目をふせた。Ｓ先生の問いに積極的に応じたのは、父親だった。

昨年の夏に息子は高校を退学となり、高校との縁が切れるとかかわってくれるのは息子を診てくれる総合病院だけになった。情けないことだが、息子の不登校を私は深刻に考えてこなかった。息子は学校に行けないだけで変わった様子はないし、普通に会話もできる、大人になればどうにかなるだろうと思っていた。だが病院で紹介された「家族会」に参加したら、多くが20〜30代になっても"当事者"だった。時間が解決しないことを知った。私は英語が得意なので、陸に上がっている間は、息子を看てやれると思い、高い英語教材を買った。だが、息子は興味を持てなかったようだ。それで、そろばん教室で息子が大好きだったＳ先生にご指導を仰いだ。Ｓ先生からは、山崎先生のプログラミング指導がよいのではないかと提案された。

そう父親が話す間、母親は積極的に割り込むことはしなかった。来談までに、夫婦で何度となく話し合いがあって、自然に意思統一ができている印象はあっ

●エピソード　生き方●

た。だが、それだけでなく「やれることはすべてやった」という放心に近い疲労の様子が母親から見て取れた。一方、息子のYさんは「これオレが悪いのだろうか」といいたげな、釈然としない表情をしていた。私も釈然としなかった。

　不在がちとはいえ父親はリーダーシップをとり、母親も積極的に息子の成長に関与してきた。親子の意思疎通は問題なく行われ、小学校6年生まではYさんは受験ができるほどの学力だった。15歳から18歳まで通院している総合病院の精神科は診断名を出さず、心療内科に転科している。つまり不登校という現象以外の症状が見えないのだ。いまは投薬もされていない。

　これを「プログラミング学習への障害はない」と判断するか、「学習意欲が完全に失われており学習効果はない」と判断するか、私には見極めるすべがなかった。もちろん息子が勉強を始めることで、両親にとっての希望の灯（ともしび）にはなるかもしれないが。

　S先生が「山崎先生は、何か思うことがありますか」とおっしゃってくれたので、私は書類を確認するふりをして、Yさんに名前を尋ねた。「○○□□です」とフルネームで答えた。幼く見える顔立ちに反して、年齢相応のハイバリトン、しかも明瞭に。私は質問を続けた。

　── おうちにいる間、何をしていますか？
「本を読んだり、ネットを見たり、FPSやってます」

　── FPSって銃や魔法を撃ちあうネットワークゲームのこと？
「そう」

　── インカムつけて、仲間と会話しながらやるヤツ？
「うん、まぁ」

　── 毎日やってます？
「最近はそんなでもないけど、以前は、はい」

　Yさんの声が出る理由。インターネットを通じたゲームで、毎日、誰かとしゃ

62

▶出会い（X年4月）

べっていたからだろう。ひきこもりでは、会話の機会が減り、うまく声が出せない人もいる。なら孤独感はどうだろうか。

— FPSだとイベントやオフ会とかあるでしょうけど、どう思います？
「どう思うというか……イベント行きますよ。先日、初めてオフ会にも行きました」

— え！　オフ会行ってるの？
「10代中心の集まりとかありますし、中学の友達とか誘ってくるんで」

なるほど、これも親子の温度差か。隣のS先生も「うーん」と苦笑しながら腕組みをした。母親を見ると「普通のお友達のようだから食費程度のお小遣いを渡している」と述べた。

Ｙさんが孤独でないのは幸いした。孤独は、こころを弱め、そのぶん自分を護るために敵意を立たせることがある。社会や周囲に対する認知を変え、それがひきこもりにつながることもある。

あるいは。

時代が違えば……昭和や平成の時代なら『虞犯』（ぐはん）になりえたかもしれない。家がおもしろくなくて、学校には行かず、不良グループと触法すれすれのスリルを愉しみ、保護者の監督に服さない虞犯少年。少年法に定められ1964年には132万人あまりを記録している。[注1]

だが現在はネットワークゲームのおかげで、自宅にいたまま友人たちと架空の街を徘徊できる。架空だから酒・タバコ・薬物といった「物質」への接触機会はない。不登校だけで、ゲームに飽きればリーズナブルなイタリアンレストランに集まり、ドリンクバーで同世代のリアルな息づかいを補充する。家には帰る。他者に迷惑はかからない。ずいぶん「マシ」な置き換えだ。ともするとＹさんも、それに近いことを思っているかもしれない。自分は「マシ」だと。だから、現状に理由は「ない」のかもしれない。2022年・虞犯少年は159人

注1　昭和40年版・犯罪白書

●エピソード　生き方●

しか記録されていない。注2

　ではYさんの学習意欲はどうか。Yさんが積極的にゲームを楽しんでいることから、向上心や好奇心がYさんの中に生きていることはわかった。Yさんだけと話をしてみたいが、父親が話しているときのYさんの表情を見れば、親子で語った内容はおおむね事実だろう。

　またYさんがゲームという「1人遊び」の機器を持ちながら、そこにこもることなく、友人関係を維持していることもYさんの強みであり、客観的には希望だ。自立・個性化の芽があるかもしれない。

　この段階でいえることをいおう。

「私はプログラミング学習の効果はあると思います」

と家族に向け断言したうえで

「Yさんは現状に困っていないと思います。ですよね、Yさん？ 困ってない人に、将来の話をしても効かないんですよ。それよりもですね。Yさん、あなたいま自分で決めることができるんですよ。プログラミングを触ってみたいと思うか、あるいはほかの何かを追求したいと思うか、それはYさんが自分自身で決めていいんです。決めたからって約束じゃない。最後までやれなんて私はいわない。でも、たぶん、あなたはプログラミングがおもしろく感じると思う。私の授業料は高いです。だから家族の話を聞いて、あなたが自分で決めてください」

　その人の自己決定権を支援する。私の立場は、常にそこにある。その立場でいえる精一杯がこれだった。

　料金表と契約書をお渡しし、家庭内プログラミング学習について一とおりの説明を行った。その日の面接はそれで終わりにした。

　だがご家族が引き取られて20分もしないうちに、S先生の携帯電話が鳴った。Yさんの父親からで、いまクルマの中だが、Yさんはプログラミングをやって

注2　令和5年版・犯罪白書

みたいといっていると。電話の向こうで、家族は上気した様子だったそうだが、私は楽観できる気分ではなかった。たかが1回の面談でやる気になるなら「なぜ5年以上も不登校なのか」。これまで複数の教育のプロフェッショナルがかかわってきて不登校だったのだ。もちろんタイミングが、たまたま合ったということもあり得る。18歳という節目の年齢からすれば特にそうだ。ならば、より気を抜けないと感じられた。

▶ 最初の訪問（X 年5月）

　Yさんの自宅が、C県の沿岸部で公共交通機関の少ないところであったため、相談の結果、私がYさんの自宅までクルマで出向き対面授業（家庭教師）をすることとした。

　午後3時、Yさんの家は海岸の堤防沿いの道路から一本入った住宅街にあった。自宅の外観は2階建て。Yさんが小学生になったときにリフォームして内部は事実上の3階建て構造。クルマの駐車スペースだったところに美容室を増築している。美容室は営業しており、訪ねたときも利用客が1人座っていた。店内は、これでもかというぐらい、ムダなく整頓と清掃が行き届いていた。

　2階にリビングと和室・両親の寝室、3階にYさんの10畳ほどの部屋がリビングから吹き抜けで通じる。2階から3階にかけてメゾネットに近い構造。父親の提案だったという。立体的な造形センスが高く、Yさんが友達を連れてくれば、その何人かはうらやましがるだろう。

　母親に案内された2階リビングで、Yさんはカーペットの上のテーブルでノートパソコンを開いて座っていた。Yさんはジーンズと黄色のTシャツ姿。母親に立つようにうながされると、慌てて立ち上がった。私が「こんにちは、座っていいかな？」とYさんの顔をのぞきこむと、まんまるメガネの向こうが母親と私を交互に見た後「……はい」といった。自分を目当てに大人が来ることは一般の10代なら珍しいことだろうが、不登校だとそうとは限らなくなる。だがこの反応を見ると担任の先生や養護教諭は自宅訪問まではしていなかったかもしれない。

　スーツを脱ぎ私が正座すると、Yさんも正座した。なるほど。私はYさんを

●エピソード　生き方●

観察するが、Ｙさんもこちらを観察しているのだ。Ｙさんの学習意欲に対する事前情報はほとんど得られていない。今日の１日がその後のすべてを決める。

「このノートパソコンは誰のかな？」と尋ねると「親のです」と答えた。「どっちのかな？」と聞いたところで母親が「私のです。最近のパソコンだったら、なんだっていいとうかがいましたので」と代わって答えた。「わかりました、お母さん、じゃぁお借りしますね、下のお客様が終わってからで、こちらはかまわないですよ」とうながすと「すみません」といいながら、母親はテーブルにお茶を置いて、１階の仕事場に戻っていった。私はバッグからUSBメモリを取り出した。Ｙさんの目がそれを追う。

「これかい？ これはブータブルUSBメモリといって、これだけで立ち上がるOSですよ。パソコンのSSDやHDDを書き換えないから、PCを借りるときにはこれを使うのですよ」

というと「（へー）」という口の形をした。「何か意外だった？」と尋ねると、「プログラミング用のソフトをインストールするんだと思っていました」という。「いやー、誰だって嫌でしょ、自分のPCの中を変えられるの」と笑いかけると、Ｙさんも笑った。ＹさんのPCに対する基礎知識が探れた。

ここで一芝居を打った。OS起動直後に「あー立ち上がるまで時間かかりそう。それまでＹさんのゲーミングPCを見せてもらえないだろうか。もちろん見るだけ！」とねだった。Ｙさんは「え……えー？」といいながらも、しかたないという顔で自室に案内してくれた。

３階につながる半らせん状の階段を上がると、天窓のある広々とした部屋があった。白を基調とした壁。天窓の下には学習机。天井の高さに合わせて、壁にびっしりと本棚が並ぶ。置かれた本は、マンガが主体だがライトノベルも20冊以上並んでいた。学習机のそばの棚には高校の２年生の教科書が立てかけられている。空気取りの別の小窓の下にソファベッドがあり、毛布が丁寧にたたまれて乗っている。その正面の壁に30インチディスプレイがかかげられ、その下にはPCケースがあり、複数のパッド（ゲーム用コントローラー）がつながっていた。PC本体は流行りの透明ケースで、中には空冷だが高そうなGPUが光っ

ている。部屋の隅の小さな机にワイヤレスのキーボードとゲーミングマウスが載っている。天井にはブラックバスだろうか、魚拓が貼ってある。日付はYさんが中学生のときのようだ。部屋の隅の金属バケツにフライロッド（毛バリ専用の釣り竿の一種）が数本ささっていた。

カーペットの床に週刊マンガ雑誌が数冊平積みされているほかは、よく整理されている。来客を前提としているようにも見えるが、少なくとも今日の私は意識していないようだ。

「Yさん、例のゲーム見せてほしいな」

Yさんはコントローラー（パッド）をとるとボタンを押した。壁の30インチの画面に、著名なFPS（シューティングゲーム）が立ち上がった。輝度は高めだが、逆にコントラストは低い。起動音がしなかったので「音は？」と尋ねると、YさんはPCにつながったプラグを外した。なるほど、普段はインカムを使っているのか。スピーカーの音量はやや大きめ。

私は「例のゲーム」としかいっていないが、Yさんは的確に理解している。

画面の中で戦闘が始まったころ、私は画面に近づきYさんのパッド操作と画面を交互に見比べ「ラグ（遅延）は？」と尋ねると、Yさんの目が少し大きくなった気がした。「あったんですけど、グラボ（画像処理ボード）と配線を変えたらすごい改善して……」と初めて自分の"調子"をこめた口調で話し始めてくれた。

前のグラボはどうして変えたの？ と尋ねれば、クローゼットから箱を取り出してきて問題点の説明をしてくれた。PCはこれまで何を使ってきたかを問えば、中学生のときにお父さんが海外から買ってきてくれたPCが最初で、改造しながら最近まで使っていたこと、改造しすぎて動かなくなって途方にくれるまでの話など、細かく説明してくれた。あるところでYさんの目が泳ぎ、顔が真っ赤になって、黙ってしまったので、過呼吸かと心配したが、どうやらしゃべりすぎたと自覚したらしい。

「先生はね、もともとパソコンショップをやっていたんですよ。だから、そういう話をしても大丈夫なんだよ？」

●エピソード　生き方●

というと、Ｙさんは「ガチで？」と再び目を輝かせた。

　私が「今日はゲームの日にしちゃおう。マインクラフトはしたことある？」というと「これに入っていますよ」と画面を指した。どんなの作ってきたか見せてほしいな、というと「けっこう前のだからなぁ、あるかなぁ」といいながら「ありました」とロードして見せてくれた。

　その作品のち密さに、私は舌をまいた。マインクラフトとは幼児から大人まで遊べるブロックゲームである。実物のブロック玩具と異なり、仮想空間だからブロックの数に制限がない。このブロックを使って、絵画や彫刻などの「芸術作品」を空間内に作り上げる人がいる。そのことは知っていたが、見せてくれた作品が、まさにそれだった。実に詳細に「宮殿」や「塔」などの建物、山や森など自然環境をブロックで表現していた。

　マインクラフトを始めたのは、中学１年生の秋だったという。不登校を始めてから、５年間ずっとやっていたのかもしれない。私は勝負に出た。

「だったらさ。TNTにレッドストーンで点火とかできるかな？」

Ｙさんは「ええ、はい」とうなずいた。レッドストーン回路。マインクラフトではブロックを組み合わせて、動きのある「からくり装置」を作ることができる。ピタゴラ装置（NHK・Eテレ）ともルーブ・ゴールドバーグ・マシンともいえる。これを作るには「プログラミング的思考」が必要だ。プログラミングの素養の一つの証明となる。

　えてして、Ｙさんは手慣れた様子で、トロッコからのTNT（爆発アイテム）点火を３分ほどでやってのけた。Ｙさんはプログラミングができる。明らかに。不登校の地雷がどこにあるのか、まだわからないが、ひとまず足がかりを得た。

ラポール形成

　本人と支援者との間には一定の信頼関係が必要です。不登校やひきこもりといった、依頼者が本人でないケースでは、本人から支援者に対して抵抗や防衛が見られることがあります。本人と支援者との交流で生じる信頼関係を心理学ではラポー

ルといいますが、よいラポールを形成することで抵抗や防衛が和らぎ、支援の効果が期待できるようになります。

カウンセリングでは、初回面接など早い段階でラポール形成に動きます。それは初回面接で信頼を得なければ、次がないことが多いためです。迎合せず、しかし働きかけるという高度なやりとり。安心感やにこやかな応対なども働きかけの一つです。

一方、メンタリングでは関係が終わった後・つまり会わなくなったときにラポールが最大化することを狙っていきます。「あの人ならどうするだろう」と思い出してもらうのがロールの役割だからです。またその姿勢がないと依存の関係になりがちです。このためラポール形成の働きかけはひかえめですが、出てきた「きっかけ」は必ず掴み取るという姿勢になります。

（山崎晴可）

▶ 最初の授業・「動いている」ものを扱う感覚の形成（X年5月）

翌週の午後1時、Yさんは3階の自分の部屋で待っていた。訪問は2回目だが、授業は初めてとなる。Yさんに、この学習の終了条件を提示した。

- 1回45分の授業を、1週間に1回、全部で5回行います。できても、できなくても、それで終わります
- 5回やると「プログラミングをやったことがある」という称号が得られます
- Yさんが「もうやめたい」と思ったら、途中でもそこで終わります
- ここが大切なのですが、この授業を「義務」でやる状態になったらすぐに言ってください。そこで終わるべきです。勉強というのは「この先が見たい」という自分の「意志」や「好奇心」に基づいてないと、やってはいけないんです。かえってその人をダメにしてしまうからです

●エピソード　生き方●

　Ｙさんは、この最後の部分を聞いて、しばらく息を止めた。そして大きく息を吐いた。私は続けた。

「私はメンターです。課題と見本は提示するけど、見本だけが答えとは限らない。見本より上手な答えもあれば、下手な答えもあるでしょう。しかしそれらすべてが答えです。メンターは、なんであれ答えを出したあなたの努力を尊重します。教え方はトレーナーのほうが上手なので、もっとしっかり学びたいと思ったらいつでもご両親に言ってほしい。」

　そう聞いてＹさんは、むしろ緊張を高めたような表情になった。
　Ｙさんへの授業が始まった。環境は、セットアップ済みのMicrosoftのMakeCode for Minecraftを、私がノートPCで持参した。MakeCode for Minecraftは、マインクラフトを教材とするビジュアルプログラミング言語である。視覚的・直観的にプログラミングができる。テキストプログラミングと較べ、生徒の発達に偏りがあっても理解しやすいという点で、大人から子供まで、初めてのプログラミング学習に適している。
　これを使って、1回45分間の授業を行う。時間はＹさんのコンディションで前後する。不登校が長期化して学ぶ姿勢を忘れていそうな生徒では、短めに、物足りないぐらいで切り上げるのが肝要だ。
　対面授業では、生徒の呼吸の数や深さ、足をゆすったり、机の下で指遊びを始めたりなど、ストレス度合いを肌で感じることができる。リモート授業では、これを見ることは難しい。不登校からのリハビリテーションを兼ねているときは、対面授業が第一選択肢だと私は考えている。

　まず、あらかじめ作ったデモンストレーションを実行して見せた。一定範囲のワールドを模倣して、まったく同じものが離れた場所に作られていくプログラム。コードは画面いっぱいで、ぎっちぎちだ。私が作ったものである。
　動きを見たＹさんは「おおお！」と声をあげた。

よかった。これを見せたのはビジュアルプログラミングを「子供用」と思わせないためだ。最初にプロが作った本格的なプログラムを見てもらうことで、あなどりがたいことを肌で感じてもらいたかった。

次はYさんの番だ。プログラミング学習の一歩目は、「動いている」ものを扱う感覚を掴むことが重要である。Yさんには、徹底して1ブロック（行）で表現できる「動き」を体感してもらった。1ブロックを3つ並べれば、3回動く。そうした細かな「自分の正しさ」を繰り返し確認してもらった。

プログラミングは「自分は正しい」という自己肯定感がモチベーションの一つである。正しさの繰り返しによって、自分の中で動作イメージが定着し、自分の脳内で動かせるようになってくる。このイメージの引き出しが大切である。脳内の動作イメージを使わず「文章」として料理のレシピのように言葉でコーディングする人もいるので、全員にこのアプローチが合っているわけではない。だが、Yさんには合っていたようである。

Yさんは以前、マインクラフトのMOD（Modification）でプログラミングを試みたことがあり、そのときはJavaの複雑なソースコードを見てあきらめたそうだ。それだけに今回のシンプルなブロックによるコーディングは相性が良かったとみえ、45分で基本チュートリアルを2つ、時間内にこなした。最後の課題は、少し時間がかかっていたが、しっかり動いたときは2人で「おー！」と声をあげ、ハイタッチした。

もう一つ取り掛かれそうというところで「今日はここまでにしましょう」と終わらせた。食いつきはよく集中度も高かったが、こなした課題数が多すぎると、思い返す（反芻する）ゆとりがなくなったり、こなした数を自己評価や目標にしたりする。「いくつやったぞ」という自慢をさせない程度に抑える必要がある。数や量よりも、課題で使ったアルゴリズムの定着が大切である。

▶ 原付免許（X年5月）

3回目の訪問は、なんと翌日だった。前回の終わりに、次の日程はYさんに決めてほしいというと「明日とかでもいいですか？」というので「もちろん。時間は今日とは違うけど」と答えると「……明日で」となった。理由は聞かなかっ

●エピソード　生き方●

た。

　今回は MakeCode for Minecraft の、「条件（分岐）」を多くこなした。一般のプログラミング言語における条件分岐は、変数を用いるので抽象的になりやすい。たとえば、a>3 といった値を使った判定になる。しかしビジュアルプログラミングでは、条件分岐に「特定のブロックがプレイヤーの前方にある場合」といった目に見える具体的な条件が使えるので、初心者でも把握しやすい。

　30分足らずでYさんは「条件（分岐）」に関する本日の学習を終了。早めの雑談タイムをとった。ふと床を見ると、平積みされた週刊マンガ雑誌の上に「自動車運転免許・学科教本」が置かれていた。躊躇したが思い切って尋ねてみた。

「クルマの免許目指してるの？」

　するとYさんは「あぁっ」と顔をしかめた。私は、慌てて「ごめんよ、立ち入ったことを聞いちゃった……」と詫びた。するとYさんは少しの沈黙の後「今日、運転免許センターに行くつもりでした……」とボソッと述べた。

「え？　クルマの？」
「クルマじゃなくて原付免許。今日行く目標を立ててました」
「え？　だって、今日の授業Yさんが指定したよね？　忘れてたんなら、別の日に振替できたのに。直接でなくても、お母さんにでもいってくれたら……」
「行かないことにしたんで、先生の授業にしたんです」
「……」

　私が「（詳しく聞くよ？）」という表情を強く飛ばしていたら、Yさんは観念した。Yさんの中学の友人が、原付免許をとった。それでフード宅配のアルバイトをしていた。友人が2週間ぐらい勉強したら免許は取れるよ、といったので自分も免許がほしいなと思い、母親に打ち明けた。母親はたいそう喜び、フリマサイトで「自動車運転免許の学科教本」を買って「原付もクルマも同じだからこれで勉強して」とYさんに渡した。暗に自動車免許まで取れといわれて

いるようで嫌だったが、そんなことよりも学科教本の厚みに驚愕した。300ページ以上あったからだ。戦慄したが、友人は2週間でやったんだし、余裕を見て3週間で読み切る予定を立てた。それでも1日20ページはノルマがあった。がんばって読んでいたという。その最中に、S先生のそろばん教室で私と出会った。

そこまで話をしてYさんは口ごもった。なるほど、プログラミングの勉強をするとなれば、自分の中で免許をうやむやにできるかもしれない。いや……いやいやいや！ そこじゃないよ。

「Yさん、原付免許で教本をイチから読むって、それ間違……ってるとはいわないけど、先生はお勧めしないよ」
「？」
「簡単に受かりたい人は過去問をやる。原付は50点満点で45点とれればいいんで、過去問やって間違えたところ……知らなかったところ？ そこだけ確認するために教本を使う感じ。それで十分」
「……え」
「たぶん友達もそうしたと思う。保育園でも小学校でも日本の交通ルール学んできたんだから、教本を全部は読まなくてもいいよ」

Yさんが読んでいた教本をめくって驚いた。交通標識には、ひとつひとつ鉛筆でチェックが入っていた。全部覚えようとしていた。いや全部覚えなければいけないことだが「知っているものまで」「覚えようとしていた」。歩行者用信号機にまで何個もチェックが入っていた。

ふと見上げると、Yさんが、動揺した表情のままだったので

「さしあたって、無料アプリで過去問を1日2セット、5日で500問ぐらいやっとけばいいよ。Yさんならそれで合格できると思う。先生それも見てやれるから」

Yさんは複雑な顔をしていた。だが私の前で見せてくれた「初めての葛藤」であり、私にとってはかなりの前進であった。そして、この極端な「勉強法」

●エピソード　**生き方**●

の理由や背景について、確かめる必要があった。

▶ 三者面談（X年6月）

　そろばん教室のS先生に三者面談の調整をしていただいた。父親は一昨日出港し、母親と2人の生活が再び始まっていたので、Yさんの成育歴を母親とS先生にお尋ねし、Yさんの考えをふまえ、場合によっては本件をS先生にお返ししようと私は考えていた。だが三者面談では、驚くことがいくつも出てきた。

　まず、YさんとS先生と私の3人だけで話をした。Yさんは小学生のとき、九九がつらかったという話をした。母親は早期教育として1年生のときから九九を教え始めた。Yさんが間違えると母親は最初からやり直させた。たとえば7の段でつっかえたら、1の段からやり直させた。すっかり嫌になってYさんが黙り込んでしまうと「いわなくていいから、お母さんがいうのを聞いてるといいよ」と、横でお経のように九九を読み上げ続けたという。

　そろばんは、母親が使っているのを見て、わからずに遊んでいただけで、計算に興味があったわけではない。そろばん教室にも通いたかったわけじゃなかった。けど、通い始めて母親が九九の話をしなくなったことはうれしかった。それに……S先生の掛け算は、楽しかった。「そろばん教室の掛け算は九九の暗記とちょっと違うからね」とS先生。

　10歳から通い始めた進学塾は「たいへん」だった。塾のその日の終わりに、最後の問題が出る。これを早く解けた人が早く帰ることができて、遅い人は後になる。自分はいつも最後のほうだった。だけど帰りたいから「急いで」解いた。早い人がどうして早いのか不思議だった。私が「いまどきそんな塾あるんですか？」とS先生に問うと「あります、あります、大手の一部とかそうですよ。保護者からは熱心に見えるんですよね、わかるまでつきあうっていうポーズになるんで。子供たちが、劣等感を持つことがわかっていてもやってたりする。商売ですからね。弱いんですよね、子供たちの声は」

　進学塾は授業時間の前半を反復学習に費やし、後半を応用とその解説に使う教え方だった。Yさんは息切れするほど懸命に進学塾に通ったが、結果は志望校の不合格だった。発表が出た午前に少し泣いたが、午後には「もう塾に通わ

▶三者面談（X年6月）

なくていい」ことを考えるとほっとしたという。

　中学は楽しかった、部活は将棋部を選んだ。ところが6月、母親が進学塾の「夏期講習」の話を始めた。そのときそれまでにない感情が湧いて、それがなんなのかわからず、中学で一緒になった同じ塾の友達に相談したら

　「おまえ納得していない顔をしてる」

といわれ、自分が納得していないことに気づいたという。気づかせてくれたのは現在でも関係が続いている「中学の友達」である。

　Yさんは夏期講習を拒絶したが「夏休みに勉強しないならこれやりなさい」と家庭学習大手のテキストがリビングのテーブルに並べられた。Yさんは何ページかやってみたが、やはりこれも納得できないという思いが日に日に強くなった。それでも少しずつテキストを埋めていったが、背中や首の周りが痛くなってきたという。痛さで、ネットもテレビも興味がなくなり、夏休みの1日を、ほとんど寝てすごすようになった。

　見かねた母親が、あるときこういった。

　「塾にも行かない、家で勉強もしない。それでもいいけど、勉強しないなら　手に職をつけなきゃいけない。手に職がなかったら、独り立ちできないよ！」

　それは母親にとって当たり前のことだった。母親はそうして生きてきたからだ。だがYさんは別の受け取り方をした。自分はこの家を、いつか出ていかなければならない……のか。Yさんは、この家が好きだった。自分の部屋も好きだった。部屋の天窓から見える、海街の空を眺めるのが好きだった。

　夏休みが終わり、新学期になると体のあちこちが痛くなってきた。最初はガマンしたが、気になり始めるとどんどん痛みが増した。免疫疾患ではないか、と大学病院で検査したが異常はなく、保健室登校になった。「なるべくイスに座ってね」と養護教諭にいわれていたが、本当は横になりたかった。将棋部の先輩が保健室に盤を持ってきてくれて、その間だけは座るのが苦ではなかった。家でもパソコンで将棋を指すときは起きていられたので、自分用のパソコンを父

75

●エピソード　生き方●

親が買ってきてくれた。その将棋は「母親が将棋サロンに行ってみる？ とい
い出して」、気持ち悪くなってやめた。父親は、帰国すると釣りに連れていっ
てくれた。それは楽しかった。

　高校は行きたい気持ちと行きたくない気持ちが両方あった。だけど、終わり
の見えない「勉強」に関係し続けることや、その先に待ち受けている「独り立ち」
が、本当に納得できなかった。だから父親に「学校はもう嫌だ」というと「そ
れでもかまわない」といってくれた。学校に行かなくても友達はいるし、退屈じゃ
ない。働きたいとは思うけど、勉強はもういい。

　S先生が「山崎先生の授業は勉強とは思わなくて済んだ……のかな？」と問
うと

　「できた人に罰を与えない人のように思えた」

と表現した。S先生が「罰？」と問うと

　「お母さんは……お母さんだけじゃないけど、勉強って問題が解けるようになっ
　たら、もっと難しい問題を持ってくる。それが罰だとは思っていない」

といった。「山崎先生はいつでもやめていいといったから、半分安心できました」
そして

　「先を知りたいと思えることが勉強、というのは初めて聞きました。そうい
　うの思ったことなかったです。それで自分で考えて……自分は先を知りたい
　と思いました」

　原付免許もそのつもりで勉強したら、どんどん進めているという。自分の"原
因"の一つがわかったような気がした、とも自身で述べた。

　Yさんの学習意欲は、再び芽吹いている。だが、数年前、その芽を最初に摘
んだのは、当事者にとっては当たり前すぎて気づけない、小さなことだった。

Yさんの母親からも新しい事実が出てきた。Yさんの母親が「強迫性障害」だった。通院歴もあり、通った先は息子と同じ総合病院だった。「息子もここなのか」「どうしてうまくいかないのか」「本当に申し訳ない」といろんな思いがめぐって、病院の前で力が抜けてしまったという。

　母親は商業高校在学中、両親から作ってもらった振袖の刺繍に感動した。卒業後、和裁学校に1年通うがそれで生計を立てるのは難しいと知り、理美容学校に通った。着物に対する造詣があったため、卒業後の就職は容易だったという。結婚・出産による休暇を挟むものの美容師は続け、自分のキャリアは両親が「娘の手に職を」と力を尽くしてくれたからであり、それをムダにしたくないという思いで、息子が3歳のとき、美容室を開業した。

　開業には自宅のリフォーム工事を含め相当な出費を要し、プレッシャーは強かったが、懸命に働き順調に売上を重ねていった。開業から4年目のある日「なんとなく掃除が足りない」ような気がして、鏡の拭き上げをしていて、気づいたら朝になっていた。そんな日が、月に数回あった。体のほてりがひどく、パートの助手に勧められて婦人科にかかったところ、心療内科を経て、総合病院の精神科を紹介され強迫性障害（強迫神経症）の診断を受けている。薬ですぐによくなったというが、思い返すと、その頃の自分は普通と違っていたかもしれないという。

　母親は商業高校も含めて「基礎を積み上げる学習（学校）」に6年間通っている。商業簿記・和裁・刺繍・着付け・美容師。自身の「完ぺき主義的学習」に疑問を持ちにくい実技中心の道筋をたどっている。それぞれで受けたカリキュラムが、生徒の多様性に応じるよう洗練されていたことに思い至った様子はない。自身が努力することで精一杯だっただろう。その成功経験を、そのまま息子に適用し、何の疑いもなく同じ方法で教育をしようとしたときから、歯車が狂ってしまった。

●エピソード　生き方●

　Yさんと母親がそろったところで、それぞれの希望を述べてもらった。Yさん本人は「何かをやっていたいと思うようになった」という。Yさんの母親は「手に職をつけてほしい」「できれば資格がとれるといい」「私自身は親にそうさせてもらったから」という。

　S先生はこう述べた。

　「いま資格や学歴は、自分が何者であるかを**自分が確認するためのもの**になったんですよね。他人に力を認めてもらうものではなくなってきたんです。運転免許があっても、無事故で運転できるかは別でしょう。**資格は職務遂行能力を保証しないんです**。そのことに社会も気づいてきました。もちろん資格や学歴がムダだという話ではない。自分の確かさのために資格を持つこと、学校に行くこと、それを目指すことは有意義なことです」

　S先生の意見にうなずきながら、私もこう述べた。

　「その人が得られる収入って、能力×信用の面積が収入になると私は思っています。能力があっても、信用がなければ収入は低い。能力が低くても信用が高ければ、収入が伸びることもある。資格や学歴は、能力を足すし、結果として信用も少し足せます。そういった意味合いで資格を目指すことはそれだけ価値があります」

　そう述べたうえで、Yさんに向いて語りかけた。

　「何かをやることで、それが自動的に資格につながるならそれに越したことはない。ただ人に自慢できる資格となると、実務経験か学校の授業のどちらかが必要になることが多い。Yさんが実務か学校のどちらが向いているか、そもそもいらないのか、もう少し確かめさせてください」

　Yさんはうなずき、母親は「よろしくお願いします」と頭を下げた。

▶ 反復学習による収穫逓減（X年6月）

　三者面談の翌週、蒸し暑くなってきた午後1時にYさんの自宅を訪問。Yさんの原付免許対策は、過去問をもう800問以上やったとのこと。たまにミスはあるが、アプリの模擬試験で合格点は取れるようになっているという。
「やるじゃーん」と私はニヤリとするが、Yさんは自信なさげだ。聞けば、先に免許を取った友人に、教科書を読破しようとしていた話をしたら「おまえらしい」といわれたとのこと。小学校の進学塾でも一緒だった友人がそういった。
　プログラミング学習で、最も避けたい学び方。それは「覚えようとする」ことである。

　……覚える。

　人の記憶は、自分が思っているほど簡単に操作はできない。忘れたいことを忘れられないし、覚えたいことを覚えられない。もちろん反復学習によって一時的に丸暗記はできる。手順の記憶、作業のための記憶というならそれでもいいだろう。実際の作業で必要になり用いた記憶は、やがて本物の記憶になる。しかしプログラミングは作文の一種である。言葉である。自分が誰かに語りかけようとして出てくる言葉は、努力や反復学習で記憶された言葉だけだろうか。伝えたい・自分の中に描かれたイメージを言葉として有形化したい。そんなとき、単語の丸暗記がどこまで役に立つのか。それよりも、物事をカラダで感じながら、不安や焦りや憤りや喜びの中で、誰かに言葉を伝えようとした体験の厚みが作文能力につながるのではないか。プログラミングも、あっちの書き方が良さそうとか、こっちが怖くないとか、人としての感性が繰り返し呼び出されて能力に変わっていくもので、決して手順を記憶すればできるというものではない。

　Yさんのような、勉強をキチキチに最初からやって、区切りごとに100点に

●エピソード　生き方●

してから、次に行くタイプの人もいる。そのやり方でうまくいくこともあるが、たいていは収穫逓減が起きる。私の経験では8割の出来を9割にするには生徒に倍の負荷がかかる。消耗は激しい。完ぺきに至るにはさらに高いコストがかかる。小学生の授業は、満点を取りやすいため、そのやり方をしても表面化しにくいかもしれない。だが中学生になると授業は難易度も進行速度も上がり、そのやり方のままではスタミナ切れを起こす生徒が出始める。度を超した完ぺき主義には、専門家による観察や指導が望ましいこともある。

　特に警戒すべきは強迫性障害が隠れているとき（人を脅す「脅迫」とは違う）。たとえば「勉強しなかった部分が試験に出る」という強迫観念と「全部覚えよう」とする強迫行為の組み合わせは「がんばり屋さん」に見えてしまう。まことにたちが悪い。

　強迫性障害には「（本人が）わかっていても、やり方を変えられない」という特徴がある。Ｙさんの不登校の原因の一つに、そうしたキチキチの勉強法があった可能性はある。とどめになった原因は別にあるとしてもだ。ただＹさんは原付免許の勉強のやり方を「変えた」。いい方法があると知って、変えられたのだから強迫性障害にはあたらないかもしれない。仮にそうだとして、Ｙさんの友人の「おまえらしい」という言葉で見えるように、ずいぶんと長い期間そうした習慣を持ってきたのだから、一朝一夕に変えることはリスクが高い。

　強迫性障害のセンも意識しつつ、この先も慎重にプログラミング学習を進めていくことにした。この日もMakeCode for Minecraftで、チュートリアルを2つクリアした。Ｙさんもビジュアルコーディングに慣れ、操作が速くなった。だがチュートリアルは2つまでとし、負荷は変えず、組み立て方のバリエーションを変えて概念の定着をうながした。本人が迷っているときは

　「動かしちゃいなよ、動いたならそれが正義だから」

と行動をうながした。これは完ぺきタイプを解除する方法の一つだ。授業を終えた帰り際に「もう明日（原付試験を）受けちゃいなよ」と勧めると、Ｙさんは「ええー」と困った様子を見せたが、「まぁ……じゃぁ行ってきます」と最後には承服した。

翌日の夕方、Yさんから「受かりました」と緑色の免許証とピースサインしているYさんの自撮りが送られてきた。夜にはYさんの母親から電話があり感謝の言葉をいただいた。電話をYさんに代わっていただけますか？と祝福を願い出ると、近くのイタリアンレストランで友人とお祝いしているとのことだった。プログラミング学習は、5回の授業で終わりにしていいだろう……、とこのとき思った。Yさんは、困っていないのだ。

▶ 直感の人／確かめる人（X年6月）

私のクルマには、ゴルフセットが積みっぱなしになっていた。私はYさんを、最も近いゴルフ練習場に連れ出した。Yさんはゴルフをしたことがないという。「こんなのだったのか」と中から見る練習場の光景に興味深げだった。

私はサンドウェッジという初心者でも打ちやすいクラブを取り出し、3〜4球を打って10m先に落として見せた。そして「やってごらん」とYさんにクラブを渡した。Yさんは、きょろきょろしながら前の人のスイングを見て、うしろの人の振り方も見て、初めてのスイングを試みた。「ぼんっ！」とボールの手前を叩き、ボールは微動だにしない。恥ずかしそうにまた振ると、今度は「ピッ」とボールの上をこすって、1mほど転がった。次のボールが出てくると、「むー」といいながら、慎重に、ゆっくりと小さくクラブを振り上げ、スッとボールの底を打ち抜いた。

「シュパッ」

いい音をたて、ボールが直上に上がった。3秒ぐらいかけ、すとんと落ちて、止まった。「おお！うまいねー」というと、2打目も「シュパッ」と同じ音をたて、同じ軌道を描いてほぼ同じ場所に落とした。「やるじゃん！好きなだけ打っていいよー」

10球ほど打ったところで、だんだん最初のようには当たらなくなった。Yさんは、なんでだろうという顔をしながら、さらに10球ほど打ったところで、あきらめてクラブをついた。私が「だんだんとカラダがブレちゃってるんだよ、

●エピソード　生き方●

ごらん」と記念で撮っていた動画から、打ててるスイングと、打てなくなった
スイングを見比べてもらった。「違いがわからんです」というので「2〜3cmの
頭の揺れだよ」と見返してもらうと「あー」という。「もう一度 振ってごらんよ」
と、打たせたところ、2〜3球で、また当たるようになった。

　Yさんは10代だからごまかせてはいるが、通学や体育のない生活が長かっ
たため持久力が育まれず、疲れやすい。こまめに休みを挟ませる必要があるだ
ろう。

「ねぇYさん、話かわるけどさ。お部屋にフライロッドあったじゃない？ 投
　げられるの？」
「はい、苦手なフライ（毛バリ）もありますけど、だいたいは」
「すごいねー、先生は、あれ無理だわ。めげちゃったねー」
「えー、かんたんですよー、先生、うちに帰ったら教えますよー」
「ありがとー、ねー、Yさん、練習どれくらいでフライできるようになった？」
「んー……んー、1週間ぐらい練習したような？」
「すごいね、1年かけてもできない人いるのに」

これは私のことだ。

「動画サイト見たらできますよ。あんなのコツですよ」

Yさんはそういいながら、スパーン！ と、クラブを振り抜いた。ボールは美
しい軌道を描き、高く舞い上がった。

　おそらくYさんは「直感タイプ」の人だ。もしYさんが学習塾よりも、サッカー
スクールやスイミングスクールに入っていれば、その後の人生はいまとは違う
ものになっていたかもしれない。プログラミングに限らず、学習のやり方その
ものを、Yさんは再構築していったほうがよさそうだ。

82

▶ 卒業制作（X年7月）

　前回、ゴルフ練習場でさぼったので、この日は45分を2回とることにした。

　Yさんの眼鏡が新しくなっていた。原付の受験に合わせて注文していたが、まにあわず、いまになったという。年齢に合った、シャープな印象になった。Yさんは、自らを「変えよう」としている。

　チュートリアルは前半45分で終了し「基礎課程修了おめでとう！」っていうと「終わりなんですか？」とYさんは驚いていた。「基礎課程はね。あとは卒業制作の時間だよ」というと、Yさんは安堵したような、複雑なような表情を見せた。

　卒業制作は「測量装置」。曲がりくねった川に囲まれた中州をプレイヤーがすべて歩いて、距離を数える。一度通った場所は数に数えない。つまり面積を測定するプログラムだ。この「一度通った場所」というのがYさんには難問で、通った場所の地面を別のブロックに変更してマーキングの代わりにするというアイデアを思いつくのに30分以上かかった。

　「そうかー！」

とYさんはディスプレイにすがりついた。あきらめずに方法を探求し続けたことを私は評価した。Yさんはトータル2時間を超えても続けた。私は止めない。卒業制作は負荷試験を兼ねているからだ。

　「Yさんきつくない？」

そう問うたが

　「だいじょうぶっす。おもしろいです」

と、こちらを見ない。

　そうして5時間を超えたころ、ついに完成。見事に動作した。プレイヤーは

●エピソード　生き方●

曲線に囲まれた土地を正しくカウントして面積を算出した。

「おつかれさま、Yさん、完成まで何時間かかったと思う？」
「3時間ぐらいですか？」
「5時間だよ」
「ええー！かかっちゃったなー……ほかの人なら、もっと早くできますよね？」
「違うよ？早くできるかどうかも大切だけど……長く続けられることもえらいし、完成させることもすごいんだよ。Yさん、よくがんばったよね！」

　若さもあるだろうし、ゲームで鍛えられたのだろうが、これだけの長時間、ほとんど休むことなくプログラミングに没頭できる集中力はYさんの強みの一つである。

「先生、これで授業終わりですか？」
「終わりですよ。全5回おつかれさまでした。これでプログラミングをやったことがある、って人にいえるね」
「ぼく、プログラマーになれますか？」

　冗談めかしたふうにYさんが聞いた。

「たぶん、なれるよ。なれるし、稼げると思う。だけどプログラマーだけを目標にしないほうがいいと思う、先生は」
「？」
「今日やった卒業制作ってさ、曲線で囲まれた土地の面積を求めるって課題だったでしょ」

　私はYさんの学習机に立てられたままの教科書から一冊を抜き出し、ページを開いてYさんに渡した。

「この数学の教科書のうしろのほうに『積分』ってあるでしょ。この積分って、

▶卒業制作（X年7月）

曲線が使われている図形の面積を求めるのに使うんだよね」

「えっ……」

「高校の数学では微分を使えるようにしてから積分を学ぶことが多いけど、Yさん教科書のこのページ読んだ？」

「……いえ」

「だけど、Yさん今日、曲線が使われた図形の面積、解いたでしょ」

「そうなるのか。はい、そうですね」

「プログラミングができるとね、既存の学問に対抗できるんだよ。下剋上といってもいい。勝てることがある。プログラムはいまの社会にとって非正規武器「チートアイテム」だし、プログラミング能力って本質的に反則能力（チート）なんだよ。だからYさんがプログラミングできるようになれば、学歴はたいした問題でなくなることもある。先生の周りにも、そういう人いる。」

「……」

「だけどね。Yさんがプログラミングでそうやって変われるように、Yさんの周り……友達とかも、別の方法で、この先いろいろに変わってゆく。就職したり、家族を持ったり。そうして周りが動き出し、変化してゆくとき、自分がその人たちと同じ道に乗ってないことにフッと気づいたときのジワリとした焦りったらね。腹にこたえるよ。……Yさん、あるでしょ？」

「はい……はい！ あります」

「それってね、10代だけでなく30代や50代の人でもあって……耐えられなくて具合が悪くなっちゃう人がたくさんいるんだよね。たいていの場合、本人は困ったとはいわない。黙ってそうなっていく。生き方を意識せず、ただ目の前の選択だけを繰り返しちゃってる人が、そうなるのかもしれないと先生は思ってる」

「生き方って……目標とか夢とかですか？」

「目標や夢っていうと、華やかだけど……生き方っていうのはもっと泥臭いものだよ。先生は工務店でガテン系の仕事をやってた頃があるけど、そこで一緒に働く人たちの多くは…

…なんていうか、早いうちから『自分が選べる生き方はそれほど多くない』って腹をくくってる人が多かった。それだけに、生きるための判断は早くてシ

85

●エピソード　生き方●

ンプルだったよね。だから、優秀ゆえに選択肢が多かった人は、生き方を意識しないまま年をとっちゃって、あるとき自分がなんの生き方も選ばず取り残されたことに気づいて愕然としちゃう人もいるんじゃないかな」

「……」

「先生は、Yさんの将来の選択肢を増やそうなんて思っていない。いますでにYさんが持っている選択肢。それに気づいてもらいたいと思っているんだよね。Yさんは、どんな生き方をしたいのか。いま思えるその生き方の中で、必要なら武器としてプログラミング能力を使ってほしいと思ってる。生き方の前に職業を目標にしちゃうと、だいたいロクなことにならないと思うよ」

「生き方かぁ……」

「生き方の軸って価値観だからね。本人にそれが言語化されてるとは限らないし、1人じゃ見つけにくいよ。いろんな大人とのリアルな出会いがあって、その百人百様のうち、この人の生き方っていいなって思って真似することもあれば、いろんな人のいいとこどりをして自分だけの価値を作っていくこともある。先生はメンターだから、そのお手伝いをするのも仕事のうちだよ」

▶ エピローグ（X年8月〜）

　Yさんは10代だ。相対的に両親は健康で働き盛りであり、生活に一定の余裕があることが強みとなっている。キャリアデザインの観点からは、この機に、友人以外の「社会」を生活の中に取り込むよう提案した。Yさんにとって社会との「再会」段階である。

　Yさんの自宅を管轄する「ひきこもり地域支援センター」に相談し、支援を要請した。Yさんはひきこもりではない。Yさんが「ひきこもり」であったなら、わざわざ要請しなくても、ケースワーカーやソーシャルワーカーによる地域支援がつながっていたかもしれない。あるいは「非行少年」であったなら保護司とのつながりができたかもしれない。だが「不登校だけ」の場合は制度の網にかからないことがある。Yさん家族も、その状態だった。

　支援センターの情報提供を受け、Yさんには週に2回・自宅にほど近い公営のジム付き体育館で汗を流してもらった。この体育館のスタッフはひきこもり

▶エピローグ（X年8月〜）

対応の経験があるとのことだった。Ｙさんには、チューブトレーニングやヨガ教室にも一度は参加するように、とアドバイスしていたところ、体育館スタッフの誘導も上手だったようで、Ｙさんは機嫌よくスタジオレッスンを体験したと聞く。母親はその様子をこっそり見に行ったそうだ。「うちの子が運動が得意だったとは思わなかった」とおっしゃるので、「自分の才能を自分で見つける訓練期間にある」ことを伝えた。「はい……もう、わかってます」と母親は述べた。

前後して、Ｙさんはいったんプログラミング学習から離れることになった。MOS試験（Microsoft Office Specialist）と日商簿記がとれる就労移行支援事業所が自宅から通える距離にあり、フリースクールを併設しているので、そこへ週2回、通うことになった。若干、抵抗感を示したＹさんだったが私が「予備校だよ」というと、しぶしぶながら納得した。結果論だが、このフリースクールの講師陣とＹさんの相性がよく、翌月には毎日通うようになった。

しばらく経ったある日、私の東京都内の事務所にＹさんが突然訪ねてきた。すわ深刻な事態かと身構えたが、「フォークリフトのメーカー教習に通うことになって、説明会の後に立ち寄った」といい、私は胸をなでおろした。

「先生、ぼく生き方を考えてみました。自分の『居場所』を作ること。たくさん作ることなんじゃないかと。それを自分の生き方にしました」

それを伝えたかったのだという。フォークリフトの資格で、父の知り合いの港湾倉庫でアルバイトをするのだという。そして、

「来年4月からIT系の高等専修学校に行くことにしました。それまでお金を貯めたいので」

高等専修学校への進学は、フリースクールの提案だった。

Ｙさんは、社会と再会を果たすうち「居場所」という考え方に気づいた。そして、社会があらゆるところで、ここに来るか？　と自分に問うていることに自分で気がついた。Ｙさんは高等専修学校を卒業し、現在、データサイエンス

●エピソード　生き方●

の会社でPythonプログラマーとして勤務している。

　※本章は秘密保持のため、一部事実を改変・話し言葉に脚色をしている。

第4章

思い込みの解除

「ルビンの壺」という絵があります。心理学者エドガー・ルビン（デンマーク 1986-1951）が提唱した図形で、図と地の反転現象によって、異なる絵が見えるという現象です。

いったん別の見方を知ってしまうと、もう、そのようにしか見えない、といったことはよくあります。それは視覚的な絵、聴覚的な音楽や歌詞のみならず、イデオロギーや風説に対しても起きます。他者にとっては、ばかばかしいことでも、本人にとっては重要な意味を持ち、それはときとして強固で、ときに本人でさえ不合理だとわかっているのに、容易には解消されません。

こうした心理学的な落とし穴は、プログラミングではバグの原因になります。プログラミングの学習段階においても同様の現象が見られ、とりわけ「自分の意思で踏み出せない」「変数という概念が受け付けられない」「論理の世界で動くことを把握できない」の３つは、初学者に見られやすいドハマりポイントです。

▶ その一歩が出ない

生徒のほうがフリーズする

　私が「プログラミングの先生」を始めたばかりの新米だった頃。30分近くにわたってコンピューターの電源の入れ方、開発環境の立ち上げ方、非常にシンプルなプログラム（ソースコード）を説明し、

　「では、自分でやってみてください」

とお願いした瞬間に、動けなくなる生徒さんがおられました。それまでの指示にはしっかりと従い手を動かしているのにです。自分でプログラムを入力したり、動かしたりすることに強い抵抗を持つ人がいる。そういった方は珍しくなく、5人に1人ぐらいはいらっしゃるわけです。理由を尋ねて出てくる言葉は

- 間違ってるんじゃないか（と怖い）
- 何かが起きそう（で怖い）
- とにかく怖い

　どれだけ丁寧に「大丈夫ですよ」と説明しても、自分から一歩を踏み出せない生徒が一定数生じました。
　私が代わりに「ポチッ」と実行するのは簡単ですが、プログラミングでは「自分で動かす」という自己効力感が重要です。肝心な最初の段階でその価値を損なうわけにはいきません。ですので、不安がる生徒を全力で励まして、生徒自身の手でプログラムを入力し実行させる必要がありました。この現象は当初、原因がわからずたいへん難儀しました。

評価を避けたい

　そのやりとりでわかってきたのは、生徒さんの多くが「怖い」と感じていることの正体。それは、装置を壊してしまう恐怖でも、未知の体験に後ずさりす

●第4章　思い込みの解除●

ることでもなく

　1. 正しいことをしなければならないという圧迫
　2. できない自分が確定することへの不安

が大きいことでした。

　1は教育学的問題で、長く学校教育を受ける過程で、正しい行為が善である、間違っていることは悪であるという観念によって引き出されやすくなります。これは第2章で述べたように歴史的な背景によって生じ、本人の問題ではありません。したがって外からの助言によって、ある程度変わることができます。

　2はやや心理学的で、できない自分が客観視される、すなわち「評価」がつくことへの忌避と考えられます。自分の実力を知りたくない。他者 (先生) にも知られたくない。

　私にいわせれば、プログラムができないごときで、その人の評価などしませんし、まして初心者のプログラムに善悪など生じえません。しかしその人の成長過程や経験を背景に、一定数の人が「プログラムの実行をおそれる」すなわち、その生徒さんにとっては「決してそれごときではない」わけです。

　この現象は教室だけでなく、独学でも生じることがあります。言語を選び、参考書を買い、PCに環境を構築して、オンラインスクールまで申し込んでいるのに、準備が完成した時点で、学習に着手しない。あるいは参考書を読むだけで「あー、わかったぞ。できるわ、これ」と、やりもせずに、いくつかのページをめくって閉じる。私がプログラミングの家庭教師として入ったご家庭で、何度も見た光景です。本人は「こんなの簡単です」とうそぶきますが、私が「ではやってみましょうか」というと、カラダをこわばらせる。本人はどこかで自分の本当の姿に気づいています。

　学習に着手しないのは、自分の本当の姿を自分で知りたくないから。人生で受けてきた様々な体験と現実によって、その一歩を踏み出せない。これは深刻です。

92

わざとエラーを体験し、自信を育む

そこで「初めての実行」までのやり方を変えることにしました。独学の方にも、この方法をお勧めします。

生徒さんには、起動した開発環境（コードエディタ）のソースコード画面に、めちゃくちゃに文字を打ち込んでもらいます。それはもう画面いっぱいに。ですが、そんなことで開発環境は壊れません。

次にその状態で「実行」をしてもらいます。躊躇なく実行します。様々なエラーが出ます。当たり前です。この状態であれば、どの生徒さんも恥ずかしくはありません。

次に、それらを消した後、しっかり動く「例題」を、指示どおりに入力してもらいます。ただ、その時点でも生徒さんに実行はさせません。私が1人1人の席に回って、書かれたプログラムにいたずらをします。文字を足したり引いたりですね。その状態で、生徒さんに実行してもらいます。独学の方は、ソースコードのどこかに文字を加えるか・削除するかして実行してください。なんらかのエラーが出ます。

ここまできたら、いたずらしたプログラムを、生徒さんに修正してもらいます。実行してもらい、ついに「意図したとおりの結果」が表示されます。

このような、あえて間違いから入る手順にしたことで、学習者の実行前フリーズが克服されるようになりました。独学の方は、この時点で学習の一歩を踏み出せたことになります。プログラミング学習では、正しいことを目指すよりも、誤りから出発して学ぶ方が理解が深まる。これもその一つです。

これを読んだプログラマーの方はお気づきですね。生徒さんが行った動作は、デバッグといって、これからプログラミングの大半を占める作業です。プログラミング教室がプログラミングの事実を教える場所なら「こちらが本当」であるとすらいえます。単純なことですが、生徒さんはこの儀式によって、エラーが出ることが、人としての間違いだと思わなくなります。重要なプログラマー思考の獲得です。

またこの方法は、テスト駆動開発（Test Driven Development、TDD）として

●第4章　思い込みの解除●

- 必ずエラーになる（テスト）プログラムを書く
- 成功するプログラムを書く
- きれいに整える（リファクタリング）

のサイクルで開発する有用な手順として広く採用されている技法です。

　プログラムの実行一つをとっても、学習者の将来を尻すぼみにさせないためには、こうした配慮が必要です。独学でプログラミング学習をされる方は、正しい操作を覚えるよりも、確実に間違っている操作から体験することを推奨します。独学のあなたは、これからしばらくの間、手元のミスを1人でリカバリーしなければなりません。学習の途中で、それまで体験したことのないエラーに時間を費やすと、本来の思考の筋（すじ）を忘れてしまいます。ミスしたときのリカバリーを、あらかじめ・おおまかに体験しておくと、その後の学習がスムーズになります。

セルフエスティーム

◆自身を価値あるものとして尊重する感覚

「失敗してもいいのだ」と人はいうかもしれません。でも、「失敗はしたくない」です。そして、失敗したくないという思いが強すぎるあまりに失敗につながってしまうことがあります。何もしなかった、という失敗です。何もしないまま失敗してしまうという結果は、ひどくもったいないです。どうせ失敗するなら指一本でも動かしてから失敗しましょう。

　失敗をおそれることは、あなたの性格の問題ではありません。もちろん、慎重な性格だからこその人もいるでしょう。しかし、現代日本では失敗をすることが許されないような余裕のない教育が行われていることも事実ですから、こういった人は珍しくありません。

　失敗してしまうと自分が汚されるという思いがひどく強いのであれば、それは自尊感情（セルフエスティーム）が低い状態なのかもしれません。ならばなおさら、指一本動かして、できればまずコードを1行書いてみましょう。あなたは現実の失敗・あるいは成功に向き合うことになります。

▶変数がわからない人

うまくできない！うまくできた！

　想像ではなく現実とあなたが関係する瞬間です。あなたの力がそこに示されます。結果はどちらでもいいのです。失敗でも成功でもいいのです。まずあなたは現実への力を持っていることを認識するべきです。そのことを繰り返していくうちに、少しずつプログラムが書けるようになり、少しずつ根気強くなり、少しずつ成功が増えるでしょう。
　あなたは「失敗しても次こそは」と思うように変化するでしょう。指一本動かしたことで、そういった未来につながる可能性が生まれるのです。

（山崎彩子）

▶ 変数がわからない人

　ビジュアルプログラミングからテキストプログラミングに移行すると、変数の使用頻度がぐっと増えます。これに戸惑う人が多くおられます。
　プログラミング言語の変数。説明すると、

　「数値や文字列などのデータを、一時的に保存（ストア）する名前の付いた領域」

　このようないい方になります。……実際に使ってみないと理解しにくい要素の一つですね。わからない人には、まったくわからないものです。
　変数に持つイメージはそれぞれですが、教育現場や参考書では「箱」と表現することが多いようです。しかしたとえ話をいわれても、実際に箱を使ってるわけではないし、かえって変数がわからない……あるいは説明そのものは理解したつもりだが、自分で使うものとしては腹落ちしていない……という人も一定数います。これは、その人の認知特性が「箱」を含む**たとえ話に合っていない・違和感がある**ということです。ほかにも「数式を使っているのに」「数学のよう

● 第4章　思い込みの解除 ●

に使えない」という点でハマってしまう方を見受けます。確かめるタイプ（第
3章）の人に、多いかもしれません。

　この節では、そうした人になるべく現実的な説明を行います。変数を「箱」
で納得できている方は読み飛ばしてください。

▌算数と数学

　日本の初等教育では、小学校6年間の「算数」が、中学校以降の「数学」へと
呼び名を変えます。これは歴史的経緯によるもので、1886年（明治19年）の
小学校令により尋常小学校・高等小学校の各4年間で「算術」を教えることになっ
たところまでさかのぼります。

　算術とは、四則演算とその応用計算を主に行う授業です。この時代の算術は
「和算」の影響を強く受けており、現代でいう「式」を使いません。計算順序に
は文章や図が用いられました。教科書も縦書きです。術というだけあって、計
算力を鍛えていく色合いがあります。

　中学から学ぶ「数学」は、西洋数学の影響を受けたものでした。日本におけ
る西洋数学の本流は八代将軍・徳川吉宗による漢訳洋書の禁輸緩和措置（洋学
奨励・1720年）に端を発するといえます。日本の江戸時代の欧州、とりわけ
ルネサンス期のイギリスでは、ロバート・レコード（英1512?-1558）が等号
に「＝」（イコール）を定めるなどして、多くの市民に数学を啓蒙することに成功。
ここから等式・方程式の表現が編み出され、幾何学や代数学の教養化に貢献し、
航海術や貿易など「実践数学」として用いられ、数学が価値ある学問として世
界中に認識されるようになりました。それが吉宗の時代に輸入されました。

　日本の国民向け数学教育は、明治時代の学制において下等中学校（14〜16歳）・
上等中学校（17〜19歳）で西洋数学を教えるようになりました。文明開化が華
やかりし当時の学制下の中学は「洋学」を中心にして教育が行われました。そ
の一つに西洋数学が導入された格好です。基本科目である数学は「代数」を中
心に、幾何学、記簿法、測量学といったルネサンス期に開花した実践数学が学
ばれました。

　和算に基づき計算力を鍛える算術が、現在の小学校「算数」に。

▶変数がわからない人

西洋数学に基づく代数学が、現在の中学校「数学」に。

それぞれつながれていったことになります。

算数の等号と式と変数

　現代日本の算数では、小学1年生から「式」が登場します。**等号（＝）**は、式の主要素として登場し、その意味は学年によって段階的に変化します。小学1年生では計算結果を示す記号として学びます。小学2年生からは左辺と右辺が等しいことを示す記号として学びなおします。小学6年生で**変数**は登場します。

　「文字と式」で変数xとyを使い、左辺と右辺が等しいことを踏襲しつつ、文字に、具体的な数値を等号で「代入」する方法を学びます。同じ等号（＝）ですが、

　　1年生では計算結果
　　2年生では判定式
　　6年生では代入

このように小学校の算数では、同じ事象を異なる角度から学びなおす場面が多くあります。「数と物を対応させる能力」を養うことから「日常の事象を数理的にとらえ見通しを持ち筋道を立てて考察する力」を養うことまで、流れに沿ったノウハウとして学習指導要領に築き上げられているからです。注1

プログラミング言語の式と変数は算数に近い

　プログラミングで用いる式や変数は、小学校の算数と基本的な使い方は同じです。算数と同じく、コンピューターも具体的な数を扱います。変数に代入される値も、数値や文字列です。使い方はシンプルで、

　等式の
　左辺に変数名を書き、

注1　学習指導要領・素案、同・平成29年告示

●第4章　思い込みの解除●

右辺に記憶したい値・文字・文字列を記述する

のが基本的方法の一つです。

Python：

```
a = 3
b = " こんにちは "

print("a 値 :", a)
print("b 値 :", b)
```

PHP：

```
<?php
$a = 3;
$b = " こんにちは ";

echo "a 値 : " . $a . "¥n";
echo "b 値 : " . $b . "¥n";
?>
```

上記のサンプルコードは

a 値 : 3
b 値 : こんにちは

▶変数がわからない人

を表示します。

　プログラミング言語の変数は、自由に書ける・消せる「黒板の文字」「ホワイトボード」のように扱うとよいかもしれません。これまで、こうした代入方法にピンと来ていなかった方は、代入値を変えながら、最低30分・できれば1時間は練習してください。それだけの価値はあります。筆者が初学者のときは、代入だけで2週間かけました。

変数を使った計算

4

　代入に十分習熟したら、次のプログラムを見てください。

Python：

```python
a = 1
b = 6
c = a + b
print(c)
```

PHP：

```php
<?php
$a = 1;
$b = 6;
$c = $a + $b;
echo $c;
?>
```

　このプログラムで表示される結果は「7」です。c = a + bの部分は、左辺に「式」を代入しているように見えるかもしれませんが、これはa + bの**計算結果**をcに代入しています。数学的感覚が強い方は、この操作に抵抗を持つ方もおられます。算数に徹しましょう。

　ここもaやbの値を変えて、自分の思った通りに結果が表示されるまで、何度も自分の手で確かめてください。このプログラムでは、aとbを足しますが、練習では引き算や掛け算、割り算も試してください。

　それができたら、次のプログラムを見てください。

99

●第4章　思い込みの解除●

Python：

```
a = 1
a = a + 1
print(a)
```

PHP：

```
<?php
$a = 1;
$a = $a + 1;
echo $a;
?>
```

ぎょっとする方がおられると思います。そうでない方はさいわいです。

```
a = a + 1
```

数学的にはありえない式です。算数としても一般的でないでしょう。表示される値は「2」です。このプログラムでは冒頭、aの値は1から始まります。そのaに+1した結果を、左辺のaに代入するので、aが1増えます。値が変動するのです。つまり「変数」です。掴めてきたでしょうか。

では次のコードを見てください。

BASIC：

```
10 a = 1
20 PRINT a
30 a = a + 1
40 IF a > 10 THEN END
50 GOTO 20
```

PHP：

```
<?php
$a = 1;
lp_label:
    echo $a . "\n";
    $a = $a + 1;
    if ($a > 10) exit;
```

100

▶変数がわからない人

```
goto lp_label;
?>
```

　Pythonはgoto（ラベルジャンプ）を使わないので、ここではBASICで代用します。読みやすいプログラムを見てください。

aを1から10まで1ずつ増やしながら表示せよ

4

という課題を、forなどの制御構造ループを使わず、変数とif構文で書いたものです。こうすれば変数の中身が変わっていく様子が目で追いやすくなります。

　お気づきの方はおられますか？ プログラムには、始まりがあり、終わりがある。つまり「時間」の概念があるのです。上から順に・左から右に、プログラムは時間をかけて読み込まれ、解釈・実行されます。時間の概念がある。だから「動く」といういい方をするわけです。

数学の静的な式と、プログラミング言語の「変化」を前提とする書式

　数学における「式」は、その時点での関係性や性質を「表現」する方法です。およそ文章ですが、コミュニケーションで使う文章と異なり、数学の式の中に時間の経過はありません。断面的で、ある意味、静止しています。ところがプログラムはコンピューターが時間を使って実行します。つまり状態が変化する前提です。行の上と下では変数の中身が違うことがありますし、同じ行でも左と右で変数の中身が異なることもあります。

　このように時間の概念があるプログラムでは、文字や式の使い方が数学とは異なります。これは「異なる」だけです。プログラムや数学のどちらかが否定されるものではありません。ただ、数学の知識は、プログラミング学習ではあまり役に立ちません。むしろ邪魔になることがあります。

Python：

```
a = 1  # 代入演算子

while a <= 10:  # 条件式（論理式）a が 10 以下の間繰り返す
```

101

●第4章　思い込みの解除●

```
    print(a)  # 現在のaの値を表示
    a = a + 1  # 代入演算子aの値を1増やす
```

PHP：

```php
<?php
$a = 1;  // 代入演算子

while ($a <= 10) {  // 条件式（論理式）aが10以下の間繰り返す
    echo $a . "¥n";  // 現在のaの値を表示
    $a = $a + 1;  // 代入演算子aの値を1増やす
}
?>
```

数学があなたのモチベの邪魔をする

中学で学ぶ数学は、初等代数学として、変数を変数で表す操作になります。

〔数学の問題〕

式 s=ab においてaを求めよ
答 a = s/b

$$a = \frac{s}{b}$$

中学の変数は「いろいろな値をとる文字」として説明が始まります。そして、早い段階で抽象操作の道具として使われるようになります。その結果、

aを1から10まで1ずつ増やしながら表示せよ

という課題に

$a_n = 1 + (n-1)$

高校生～社会人は、このような**等差数列の式**が浮かんでしまいドハマりする人

102

▶変数がわからない人

が続出します。プログラミング言語の数値変数に、式を直接代入することはできません（オブジェクトとしてラムダ式やアロー関数によって代入っぽいコーディングは可能ですが、例外的です）。

そんな人たちにプログラム例として

Python：

```
for a in range(1, 11):
    print(a)
```

PHP：

```
<?php
for ($a = 1; $a <= 10; $a++) {
echo $a . "¥n";
}
?>
```

を、見せると

「はぁ……」

という顔をしたのち、二つの表情をなさいます。絶望的な顔。もしくは半笑いしながら、遠い目。

そりゃそうですよね。誰だって、学校や社会で学んだことを土台に、プログラミングという次のステップに行きたいものです。がんばって勉強してきてよかった、その分ほかの人よりアドバンテージがあると思いたいわけですよ。ところがそれを全否定され、予想がカスりもしないものを見せられて、それが答えだなんてがっかりです。たちまち「これはえらいことをはじめてしまった」「むりだ」って思ってしまいます。そこからの話なんか聞く気がなくなりますよね。

ですが早まらないでください。プログラミング学習では、ときにこのような「これまでの積み重ねが役に立たない」ように見える状況に直面します。しかし、違うのであって、積み重ねが否定されているわけではありません。新たに慣れる、というだけのことですので、否定的に受け取る必要はありません。

103

●第4章　思い込みの解除●

掛け算の順序

　日本の中学の数学は、数と式・図形・関数・データの活用（統計）を学びます。このうち数と式は初等代数学として、文字式を積極的に使います。その過程で、足し算や掛け算など一部の四則演算の順序は、計算上、区別されないことを知ります。具体的な値を持たない代数学は、それでよいかもしれません。

　しかし算数とプログラミングの変数は、具体的に値を記憶（素子）に入れなければならないため、記憶サイズに物理的な制約があります。もとより代数学は、その制約を解決する数学分野です。ですが記憶量に制約がある場合、人でもコンピューターでも計算順序によって異なる結果が生じることがあるので、注意が必要です。たとえばC言語やアセンブラといったネイティブコードを書き出す処理系では、変数の扱い順は繊細で、バグやセキュリティリスクの要因になることがあります。こうしたことから変数の中身について、プログラマーは常に意識しておく必要があります。この意識のしかたは、計算順を明示的に扱う算数の学習方法とよく似ています。

　戦後、国定教科書が廃され、民間編集教科書になりました。その最初の学習指導要領・算数科・数学科では第一章の冒頭にこうあります。[注2]

　　第一章　算数科・数学科指導の目的
　　小学校における算数科，中学校における数学科の目的は，日常のいろいろな現象に即して，数・量・形の観念を明らかにし，現象を考察処理する能力と，科学的な生活態度を養うことである。
　　　この目的を具体的に考えてみると，次のようなことがあげられる。

　　1.数と物とを対応させる能力を養い，数える技能の向上をはかること。
　　（以下略）

　この素案発表時の1947年は、日本はGHQの占領下にあり、小中高校の学制を一変させたときにあたります。旧学制の和算の算数、洋学の数学を、新し

注2　国立教育政策研究所，学習指導要領データベース（下線は筆者・原文誤字を一部修正）

104

▶変数がわからない人

い学制にどのように親和させるのかという難しい課題に直面していました。

　注目すべきは、算数が「生活態度」を養う学科とされていることです。それまでは、小中学生は社会資源として扱われ、労働力として国力に資するために教育を受けるもの、だから国家が費用を支弁するのだという考え方でした。しかしこの素案では「生活態度」として、計算力と数学力を個人の生活に即したものとして養うことを明記しています。また「数と物とを対応させる能力」として、具体的な値を扱う実践数学と、具体的な値を計算する算数の向上を明記しています。この考え方は、具体的な値を扱うコンピュータープログラムとも一致しています。すなわち、日本人は変数を学ぶとき「算数」まで戻ればよいのです。

　「第2章　日本人を克服する」では、日本人の不利な点をあげましたが、一方で、日本の算数と数学の二階建て教育は、プログラミング学習における日本人の有利な点としてあげられます。

電子装置が記憶したとなぜいえるか

　変数が……というよりも、なぜ値や文字が記憶できるのか、ビットとかバイトとかってなんだ、という点で気持ち悪くて落ち着かない、という人もいます。そうした方に、こんな説明ではいかがでしょうか。

　コンピューターの電子メモリーは、最小単位が1bitであることはよく知られています。それを「記憶」として扱えることまで、さかのぼりましょう。あなたが、ひとりっこ・小学生だったとします。学校から帰ったとき、保護者はおうちにいません。ですが、ときどき「おやつ」を用意してくれています。キッチンの照明が点いていたら、冷蔵庫におやつが入っているというサインです。もしキッチンの照明が消えていたら、その日のおやつは用意されていません。こういった習慣がある場合、照明のオン・オフ（1bit）によって、「おやつの有無」という情報が記憶できるということになります。照明機器そのものが、おやつの概念を理解する必要はありません。人の認識で、照明に「おやつの有無」が関連付けられてさえいれば、記憶装置として扱えるようになります。

　さて。これに加えて、リビング（居間）の照明が、ポットにお茶が入っているというサインだったらどうでしょう。

105

●第4章　思い込みの解除●

キッチンの照明	リビングの照明	結果
○オン	○オン	おやつとお茶がある
×オフ	○オン	お茶だけがある
○オン	×オフ	おやつだけがある
×オフ	×オフ	何もない

　表のように、2つの照明があれば4種類の情報を記憶できるようになります。これは2bitです。1980年以降、コンピューターでは8bitをひとまとまりとして、1バイトとして扱うことが一般的になりました。8bitは256種類の情報を表せます。

　コンピューターそのものが、この情報の意味を知る必要はありません。情報を保持し、ただ加工し、ただ受け渡し、ときに捨てる機能があればよいのです。プログラミング言語の変数は、その取り扱いの延長にあります。

　変数は複数の8bit（≒1バイト）を組み合わせ、記憶装置の使い方や法則を意識することなく、大きな数値や文字・文字列を扱えるようにしたものです。

アキュームレータ

　コンピューターのCPUの中には「アキュームレータ（レジスタ）」というデータ格納領域がありました。機械語でプログラミングをしていた時代は、これを変数のように扱いました。使用できるレジスタはCPUによって異なりますが、初期のホビーパソコンで用いられたZ80というCPUではA～E/H/Lの7種類のレジスタが変数のように使えました。

　当然それだけでは足りないため、データはなるべくメモリに格納しました。この格納場所を「アドレス」と呼び、2バイト・4桁で位置を特定していました。

　機械語からアセンブリ言語、マクロアセンブラに言語が発達する経過で、アドレスは「ラベル名」として名前が付けられるようになり、それが変数に発展していった……というのが、1970～1980年代にプログラミングをしていた当時の私の実感です。

（山崎晴可）

106

▶動くことを把握する

▶ 動くことを把握する

　ハードウェアという物理的な存在が動くのは当然……ですが、ソフトウェアという論理的な存在を動かす、という初めての体験を、こころの中でどうとらえていいのかわからない。そこに引っかかりを持ち、理解が止まるという方がいます。この節では、そうした人に従来とは異なるアプローチをしています。従来の教えられ方で納得できる方は本節を読むと、かえって混乱するおそれがありますので注意してください。

初心者と熟練者のプログラム観の違い

　初心者は、実行して「動かす」というとらえ方から始まります。コーディングしているときはプログラムが止まっている前提でふるまいます。ですが、慣れた人のプログラミングでは、脳内ですでに「動いています」。脳内で動かしながら、プログラムを書いています。初心者が目指すのもこの領域です。

　この「動いている」存在を操作する世界観や体験が不足した状態で、知識だけを増やしていくと、知識と実際の乖離が進み「プログラムは読める」けど「プログラミングはできない」(手が進まない) という事態に陥りやすくなります。そのことが「動くという概念が把握できない」という感覚となって意識されることがあります。

　これを防ぐためにも、コーディング時はできるだけ脳内で「動かし」、動きの把握に十分な時間をとってほしいものです。どうしてもその感覚が掴めないときは、第1章のアンプラグドプログラミングに戻り、脳内で動かす感覚のレディネス作りを行うのも方法の一つです。

プログラミング言語は動詞のかたまり

　言語学的に複数のプログラミング言語を見ると、ある共通点に気づくかもしれません。プログラミング言語は「動詞」を中心にできています。あなたが日本語を母語とする場合、以下のように動詞の活用形と対照に見ることで、いかにプログラミング言語が「動詞」を中心に構成されているか理解できると思います。

●第4章　思い込みの解除●

活用形	使用局面	プログラミング言語
未然	否定	not／false
連用	接続	演算子／Object
終止	肯定	is／true
連体	修飾	Class
仮定	条件	if
命令	実行	Call／exit

　プログラミング言語が「動詞」を中心に体系化されるのは、プログラムが動作を制御するための手順を書いた「まとまり」であり、あらゆる語彙を「動きの表現」のために使い切ろうとするからです。

あらゆる動く表現・それで結び付いているのがプログラム

　プログラミング言語を「命令」の集合と表現する人もいます。確かに、命令はプログラミング言語の重要な要素ですが、それだけでは言語の本質をとらえきれません。

　命令を含むあらゆる動詞が結合して、プログラムは構成されます。

　こうした理解がなければ、プログラミング言語の文法、構文、データ型、関数、クラスなど、それぞれの要素を独立した存在のように誤解します。その結果、それぞれを別個のものとしてとらえ、個別に理解しようとしてしまいます。しかし、これらが「動詞」を軸につながっていると考えれば、背景に一本の柱があることが理解できます。このことを最初に把握しておくことは重要です。すべてが一貫して見えますし、先も怖くなくなります。
　ここでは

　「プログラミング言語は、動く表現であふれている」
　「プログラムは、あらゆる動く表現で結び付いている」

と、ぼんやり把握するだけでかまいません。それだけでもずいぶんと先が違い

108

▶動くことを把握する

動詞と手続き型プログラミング

通常、プログラミングは「手続き型」から学び始めます。「手続き型」とは、コンピューターに対する**命令**を手続き（手順の指示）の形で記述する方法（やり方）です。上から順に、コンピューターにしてほしいことを書きます。手続き型だけで容易にプログラムを作れることから、手続き型は「基本の型」としてよく使われます。

手続き型を含む言語では、命令に以下の例に示すような**動詞**がよく使われます。

- **表示する**（print）
- **読み込む**（read）
- **書き込む**（write）
- **比較する**（compare）
- **繰り返す**（loop）

手続き型では、動詞がプログラムの中心トピックとなり、プログラムの目的を規定します。そのようにして、プログラムはソフトウェアとして目的に向け「動き」ます。

第 5 章

プログラマーはなぜ
プログラミングが
できるようになったのか

●第5章　プログラマーはなぜプログラミングができるようになったのか●

> 　たいていのプログラマーは「自分がどうしてプログラミングができ
> るのか」説明ができません。せいぜい、勉強したから、いくつもプロ
> グラムを書いてきたから、と述べるのが精一杯ではないでしょうか。

▶ プログラミングは文を作る・つまり作文することである

次の問題は解けるでしょうか。

Python：

```
a = □

if a < 2 or a > 4:
    print(" 正解 ")
```

PHP：

```
<?php
$a = □ ;

if ($a < 2 || $a > 4) {
    echo " 正解 ";
}
?>
```

Q.　□の中に入る値で「正解」と表示されるのは、次の a 〜 d のうちどれ。

　　a. 2
　　b. 3
　　c. 4
　　d. 5

A.　d. 5 です。

112

▶プログラミングは文を作る・つまり作文することである

　プログラムの変数の知識と、条件分岐（if文）の知識があれば、この問題は解けます。しかし、この問題を解ける人でも、このプログラムそのもの、つまり

「aの値が、2未満または4を超えているとき、正解と表示するプログラムを作れ」

と課題を示されて、作れるとは限りません。

　穴埋め問題はできるが、自分では書けない。プログラムは読めるけど、自分から書くことはできない。この状態は「作文が書けない」という小中学生に似ているかもしれません。友達としゃべることはできるし、ある程度、漢字も書ける。だけど

「夏休みの出来事を、作文にしましょう」

といわれると、なぜだか書けなくなるという、あの状態です。プログラミングも文を作ること、つまり作文です。プログラムの知識があって、読むことはできても、それらの知識を使って自分で書くとなれば別問題です。

　作文が苦手・書けない……という人を書けるようにする訓練は、脳機能障害に対する言語リハビリテーション、ひらたくいえば「失語症の回復訓練」で広く研究されています。その際、引き合いに出されるのが

「バドリーのワーキングメモリモデル」

です。

穴埋め問題はプログラミング能力の診断に適さない

　プログラミング能力を身につけた人は、穴埋め問題を解けるでしょう。しかし、プログラムを読めるだけの人も穴埋め問題を解くことはできます。
　穴埋め問題を使った試験、という手段を否定するわけではありませんが、プログラマーとしての資質を診るには、本来、長期の観察か、あるいはそれを代替す

る設問が必要です。そうした検討のない穴埋め問題はプログラミング能力を測定するための目安にはなりません。穴埋め問題は、試験問題として用いるよりも、アンプラグドプログラミング（机上プログラミング）の教材として使って効果が生じるものです。

（山崎晴可）

バドリーのワーキングメモリモデル

ワーキングメモリは「作動記憶」ともいいます。情報を一時的に保持し、操作するための脳のシステムです。問題解決や意思決定などの認知活動に重要な役割を果たしています。バドリーのモデルでは、中央実行系、視空間スケッチパッド、音韻ループ、エピソードバッファという4つの主要コンポーネントで構成されています。

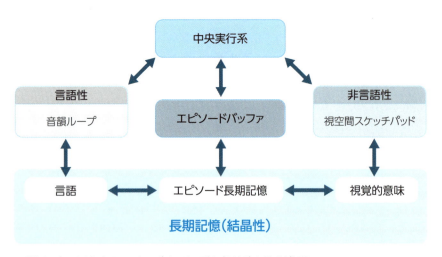

※バドリー（Baddeley）のワーキングメモリモデル（2000）に筆者が加筆

人は言語だけで思考しているわけではありません。言語機能がなくても、人は思考しますし生活もできます。たとえば、ある芸能人の顔が浮かんではいるけど、名前が思い出せないという現象。このとき視空間スケッチパッドに、そ

▶プログラミングは文を作る・つまり作文することである

の芸能人の顔が浮かんでいるので「その人を知っていることはわかる」わけです。言葉で考えているわけではありません。むしろ、その人の名前という「言葉」が浮かんでこない状態です。

そこでエピソードバッファを働かせて「ほら、なんとかって映画に出てた、あれなんだっけ」とエピソード長期記憶にアクセスし、言語長期記憶に近づこうとします。ふっと名前の候補が引っかかります。音韻ループに引き出すことができれば、視空間スケッチパッドやエピソードバッファと整合性が検証され「そうだ○○だ！」とジャッジされます。この一連の制御を行うのが中央実行系です。

作文が苦手な小学生・その理由

「夏休みの出来事を、作文にしましょう」を、このバドリーのワーキングメモリモデルにあてはめれば、

1. 視空間スケッチパッドに夏休みの情景を引き出す
2. その情景から関連するエピソードも情景で引き出す
3. それらの情景にあてはまる文を長期記憶から音韻ループに引き出す

このとき引き出される言葉（文）は音声であり、その保持期間はわずか2秒程度なので[注1]

4. 急いで文章に書き出す

ということになります。

子供は、この2秒程度しかもたない音声を再記憶するのが苦手です。書く手も遅いので、書いているうちに書くべきことを忘れます。1人ではなかなか作文が書き進めません。子供のそばで保護者が子供の言葉を外部記憶して補助してあげなければならないのはそのためです。

また子供の長期記憶の中に「汎用の文章構造」「自分で書いてきた文章ライブ

注1　石合純夫 著. 高次脳機能障害学. 第3版, 医歯薬出版, 2022, p.209

ラリ」が少なく、子供はその場でいちいち文章を新規作成しなければなりません。これも、めんどくささを増やします。当然、こんなことをさせられてたら、せっかくの楽しい思い出が苦痛に感じられ、表現すべきテーマへの興味が失われます。

　こうした苦痛の積み重ねも教育上の理由で必要というのはわかりますが、作文が好きという子供は減ってしまうかもしれませんね。

　ビジュアルであれテキストであれ、プログラムが「言語」である限り、プログラミングが言語を使って文章を書くことは作文と同じです。仮にプログラムが読めたとしても、自身の視覚イメージ・動作イメージから「言葉のまとまり」を想起して書く能力を得るには訓練が必要です。かつて自分が使用した「汎用の構造」「過去の文例」を持たなければ、具体的にどんな文を書けばよいのか思いつきません。何をすべきかはわかっていても、訓練がなければ文章は書けないのです。

プログラムの文例を自分の中に持つ

　長期記憶の中に「汎用の構造」「過去の文例」がなければ文章を書けないのは、プログラミングでも同じ。ならばプログラムの「文例」を、自分の長期記憶にコピーすれば、自分でコードが書けるようになります。参考書なら「文例集」、言語リファレンスなら「文例」を書き写していくのが効果的です。開発環境でもエディタでも、場合によっては手書きのノートにでもかまいません。

　Pythonでは「組み込み関数」(約70個) から始めていくとよいでしょう。初学者は文例集など例文中心の参考書を書店で確認してから購入するよう勧めます。PHPなどCライクな言語であれば「組み込み関数」として文字列関数・日付関数・ファイル関数あたりから始めることを勧めます。PHPはWebで公開されている公式言語リファレンスのサンプルプログラムがシンプルで、初学者向けです。なので、まずは言語リファレンスから文例を写していくのもよいと思います。

▶プログラミングは文を作る・つまり作文することである

　いずれの場合も、プログラムはコピー＆ペーストせず、必ず自分で入力し、実行して動作を目で確認するのがポイントです。「自分で書いたことのある文章」として長期記憶に定着させる必要があるからです。プログラミングは、その行為自体にアクティブリコール（能動的に思い出す）注2の特性があり、すればするほど記憶に定着します。

　地道な努力になりますが、まったくのプログラミング入門者でも、早い人なら80題程度をこなしたあたりで、1人でプログラムを書き始められるようになります。

「つまりドリルだよね？ ドリルじゃだめなの？」

　もっともですが、現在販売されているプログラミング言語用ドリル集は、穴埋め式がほとんどになっています。穴埋め式は、知識の確認やテスト対策で暗記する目的なら役に立ちますが、前項で述べたとおり、穴埋め式がいくら解けてもプログラムが書けるわけではありません。

　穴埋めではない「例題式ドリル」は1980～2000年ぐらいまでは、よく出版されていました。が、2024年現在出版物として見かけることはほぼなくなりました。学校教育用のドリルには例題式もあると聞きますが、一般書籍にはなさそうです。この現状については、筆者もどうにかできないものかと苦悩するところです。

✎ 習うより慣れろ？

　1980～1990年代は「プログラミングは習うより慣れろ」とよくいわれた時代でした。ホビープログラマーは雑誌に掲載されたソースコードを転記してゲームを走らせているうちに、プログラミングを習得する人がいました。また一部の大企業ではパンチャー→コーダー→プログラマーの人事ルートがありました。プログラムを入力代行するうちにプログラムを理解した人が一定数生じることで、プ

注2　アクティブリコール：能動的想起とも呼ばれ、学習した情報を積極的に思い出すこと。単純な再読よりも効果的な学習方法として知られています。

●第5章　プログラマーはなぜプログラミングができるようになったのか●

ログラマーが社内供給されるシステムになっていた組織もあります。いまでこそ選抜的でシステマティックなプログラミング教育ですが、当時の方法にも一定の合理性があったように思います。

（山崎晴可）

▶ ワーキングメモリは人によって違う

　ワーキングメモリは、前頭皮質（前頭葉前部・背内側部・側背部）の各部位が関連付けられて構成されます。各部位の処理力がどのようにして決まるのか、はっきりしたことはわかっていませんが、IQ（知能指数）との強い関連性が示されています。これまでの研究では知能検査の一つ・WAIS-Ⅳのワーキングメモリ指標（作動記憶群指数）とその下位検査の評価点で、スコア化がある程度可能といわれています[注1、注3]。

　IQと関連していることから、ワーキングメモリに個人差が生じることも明らかです。また、中央実行系、視空間スケッチパッド、音韻ループ、エピソードバッファの各能力が個人内でも違いがあり、そこでも他者との違いが生じます。

　これらは「個性」です。体験や知識だけでなく、生まれながらや成育歴で異なる因子です。それらによって、その人の思考方法にも特性が生じます。その中でも、とりわけ目立つのがバーバルシンカー（言語思考者）とビジュアルシンカー（映像思考者）です。

バーバルシンカーとビジュアルシンカー

　バーバル（言語）シンカーは、主に言語的な情報を使って思考し、理解し、問題解決しようとする人々です。言葉や文章、リストを用い、論理的な構造に組みなおして情報を整理しようとします。視覚的な方法よりも言語的な方法で

注3　E.O. リヒテンバーガー , A.S. カウフマン 著ほか. エッセンシャルズWAIS-Ⅳによる心理アセスメント, 日本文化科学社, 2022. p.352

▶ワーキングメモリは人によって違う

情報を処理する傾向があり、これにより抽象的な概念や関係性について論理的に理解を試みます。バーバルシンカーは、音韻ループの能力が高いことが多く、これにより言語的な情報を上手に操作し、言語記憶が豊かです。

ビジュアル（視覚）シンカーは、主に視覚的な情報を使って思考し、理解し、問題を解決しようとする人々です。図やチャート、イラストなどの図解を活用し、複雑な情報やアイデアを整理しようとします。言語よりも視覚的な方法で情報を処理する傾向があり、抽象的な概念や関係性を直感的に理解しようと試みます。ビジュアルシンカーは、視空間スケッチパッドの能力が高いことが多く、視覚的な情報を脳内で操作し、視覚的な意味として記憶に保持します。

いずれも発達段階において獲得されるものであり、その特性を成人後に変更することは容易ではなく、基本的には現在の自分に備わっている特性として活用するものです。ただし「自分はバーバルシンカーだと思っていたが、実はビジュアルシンカーだった」とか、その逆として「ビジュアルシンカーとして生きてきたが、バーバルシンカーの素養があった」ということも少なくありません。知能検査の現場でも、かなりの頻度でそういった例に出会います。また、人によって、どちらでもなければ、どちらでもあることもあります。一概ではありません。眠っている才能を刺激する意味では、自分が思っている特性の真反対の思考を試してみるのもいいかもしれません。

ワーキングメモリとプログラミングパラダイム

プログラミングの習熟度が上がると、プログラムに対する思考は、静的な把握から、動的な把握に移り始めます。つまり、自分の書いたコードの動き、そしてその先を読み始めます。その時期になるとプログラマーはコンピューターになりきって、コーディングします。そのときワーキングメモリが活発に使われます。

手続き型

バドリーのワーキングメモリモデルを使って、プログラミングパラダイムの一つ「手続き型」が、どの範囲のワーキングメモリを使うかを図で示すと、次のようになります。

● 第5章 プログラマーはなぜプログラミングができるようになったのか ●

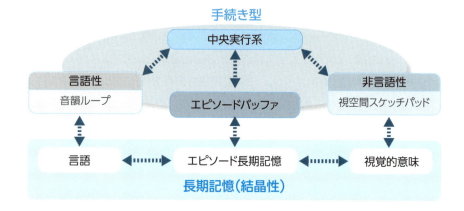

　手続き型では、命令の順序に従って処理を記述します。音韻ループ・エピソードバッファ・視空間スケッチパッドを使い、中央実行系がコーディングの中心的役割を担います。

- 音韻ループ
  コードの文法、変数名や命令、条件式を心の中で反復します

- エピソードバッファ
  「過去の文例」「汎用の構造」など過去のプログラミング経験をエピソード長期記憶から引き出すことに使われます。

- 視空間スケッチパッド
  コードの動きや構造を視覚的にイメージします。コード上の位置を覚えたり、フローチャートを思い浮かべたり、コードの局所的な構造を視覚的にとらえることに使われます。

構造化

　プログラミングパラダイムに共通するサブタイプに「構造化」があります。構造化とは、コードをわかりやすく整理し、再利用しやすくすることです。このとき、バーバルシンカーとビジュアルシンカーでワーキングメモリの使い方

が異なります。バーバル（言語）シンカーは言語化された論理的な関係性で構造化します。ビジュアル（視覚）シンカーは、データやモジュール、UML図、サイズ、実行速度など五感で把握できる感覚的・空間的関係性を念頭に構造化します。

通常は両方にバランスがとられながら構造化され、最終的に差異は目立たなくなるものですが、個人で作られたプロジェクトでは、バーバル／ビジュアルのどちらかに振り切った構造になることもあります。

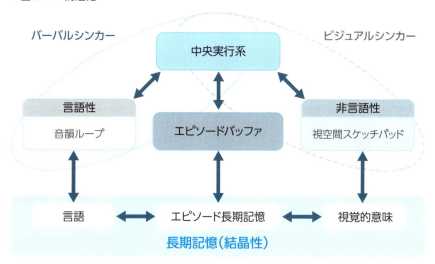

● 図5-1　構造化

オブジェクト指向

オブジェクト指向は、データと・それを操作する手続き型プログラムを、一つのユニット（オブジェクト）にして扱うスタイルです。オブジェクト指向は必ず構造化されるので、構造化そのものと混同されがちですが、構造化はオブジェクト指向に限らず使われます。注4

オブジェクト指向を使ったプログラミングでは、クラスやオブジェクトの関係性、継承、カプセル化といったモデリング（構造化）で、それぞれの特性に

注4　これについては後述します。

応じて音韻ループや視空間スケッチパッドを使います。そして「オブジェクトの状態とその変化」の把握には、プログラマー自身のエピソードバッファを使います。オブジェクト指向・それ自体は、言語性でも非言語性でもなくニュートラルなのです。

　オブジェクト指向から構造化作業を除くと、ワーキングメモリを使用する部分は「エピソードバッファ」と関連する系統しか残りません。そしてそこに集中してプログラミングできるからこそ、（脳の）負荷を低減できるというのが、オブジェクト指向の大きなメリットです。ただオブジェクト指向は必ず構造化されるため、プログラミングでオブジェクトを使用するときには構造化のためにエピソードバッファ以外のワーキングメモリを使います。

　ここで一つの課題が生じます。言語性のバーバルシンカーがオブジェクト指向を説明すると、どうしてもバーバルシンカーの論理性で構造化された使い方の説明になります。同様に、非言語性のビジュアルシンカーがオブジェクト指向を説明すると、感覚的・空間的関係性に重点が置かれた使い方で説明します。

　オブジェクト指向は、人によって説明が異なるし、アプローチも使い方も異なる。

　別の章で詳細に触れますが、自身の特性に無自覚な状態で、相手を見ずに「自分の構造化」を混ぜて「オブジェクト指向」を説明することは、相手によっては混乱の原因になります。少なくとも、対極の人はついてこれないでしょう。

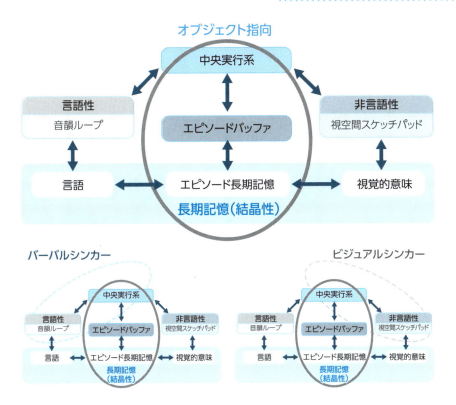

関数型

　ワーキングメモリを非常に酷使するのが関数型です。関数型プログラミングは、関数の合成や再利用が頻繁に発生します。関数の流れ・引数の位置・データの変換には視空間スケッチパッドが関与します。一方、コードの論理的構造や関数の命名・呼び出しでは音韻ループが関与します。特に、関数の順序、引数に関数を使う高階関数、連鎖や再帰的な呼び出しでは、音韻ループと視空間スケッチパッドを同時に働かせる必要があり、ワーキングメモリの負荷が増大します。

　マルチパラダイム言語では「手続き型」を拡張・構造化する目的で関数型が使われることがあります。Pythonのような手続き型と関数型を組み合わせて使用するケースがある言語では、ワーキングメモリの使用領域はさらに広くなります。

1人で作業する場合、関数型は負荷の高いパラダイムですが、一方で、プログラマーそれぞれが異なる認知能力を出し合えるチーム開発やモブプログラミングで有効なパラダイムになりえます。

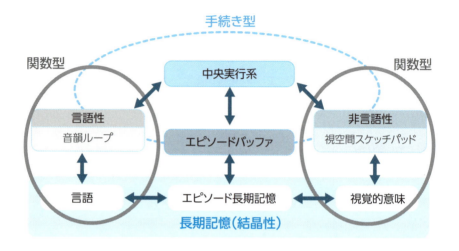

マルチパラダイム

こうして各パラダイムと、ワーキングメモリの関係を紐解いていくと、あらためてマルチパラダイム言語が成立した理由が見えてきます。

「手続き型」「オブジェクト指向」「関数型」の三大スタイル（パラダイム）をワーキングメモリにあてはめると、きれいに分散します。これは意図的にそのように設計されたというよりも、異なるワーキングメモリ（認知スタイル）を持つそれぞれのプログラマーが、それぞれの強みを活かしてプログラムを構築しようとするうちに、個々人の要求が表明され、それらが長い時間をかけて集合し、具現化し、言語仕様となり、その過程でユニバーサルデザインに洗練されるのではないでしょうか。

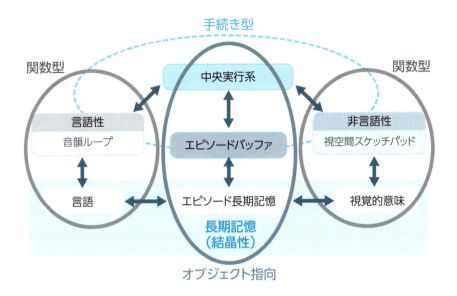

▶ プログラマーになった人がしてきたこと

オブジェクト指向・関数型いずれも、わずかでも備えておきたい

　趣味や手元環境の改善、受験対策でプログラミングを学ぶのであれば、手続き型プログラミングができる程度でかまわないでしょう。しかし具体的なソフトウェアの構築を目指すのであれば、オブジェクト指向・関数型のいずれかの知識、できれば両方の知識を（少しでよいので）備えておきたいものです。

　たとえばコーディングで先行事例を調べたとき、参考に出てくるサンプルコードが、オブジェクト指向や関数型の技術を使っていることがよくあります。特に主流となっているマルチパラダイム言語では、サンプルコードのみならず、支援AIが出力するコードが、手続き・関数・オブジェクトの「混ぜ書き」で出てくることがあります。それぞれの知識がなければ、読むこともできません。もちろん各パラダイムを完全にマスターする必要はありませんが、それぞれの知識をある程度持っておくことがプログラマーになるまでの学習過程に大きく影響します。

●第5章　プログラマーはなぜプログラミングができるようになったのか●

淘汰されながら、プログラマーは自分に合った学習フローを選んだ

　手続き抽象・データ抽象・関数抽象……。学問としてのプログラミングであれば、これらの抽象概念を先に学習してから構造化ならびに実際のプログラミングに移るのが本則になるでしょう。しかしプログラミングができるようになる！　という目的なら、それらは後回しにして、**体験**を先行してかまいません。オブジェクト指向・関数型プログラミングは、構造化の**手段**です。

　オブジェクト指向にせよ、関数型にせよ、実際に使われているコードを読むことや、プログラミング言語の文法や使い勝手が、抽象化の作法を教えてくれます（アフォーダンスといいます）。

　ただその場合、自分の特性に注意して学習しないと脱落しやすくなります。関数型は「言語」「非言語」の両方のワーキングメモリを頻繁に使います。ワーキングメモリに偏りがあるタイプの人が、助走なしに学習しようとすれば、疲弊してモチベーションが尽きる人が出てきます。

　そのような人には、

$$\boxed{\text{手続き型 (関数型を最小限)}} \rightarrow \boxed{\text{オブジェクト指向}}$$

で早期のうちにオブジェクト指向に移行するのが適当なこともあります。ただし「確かめるタイプ」（第3章）がこのルートをとると、初歩の関数を学んだ直後に、いきなり異なるパラダイムに直面するので、混乱しがちです。

　このような「学習者に合わない学習フロー」を選ぶと、学習者は「淘汰」されてしまうのです。これまで、こういった淘汰は無言のうちに行われてきました。非常に残念なことです。最終的にプログラミングができるようなった人は、次のルートをたどった人が多かったのではないでしょうか。

126

直感タイプ

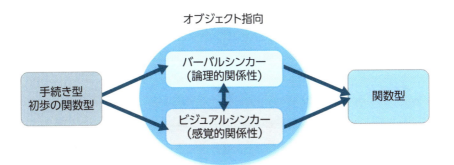

〔順序〕

①手続き型プログラミング
直感タイプにとって、手続き型は具体的な手順を順序立てて記述しているという点で、直感的に理解がしやすかったことでしょう。基本的なプログラミングの概念を学ぶのに、手続き型と初歩の関数は適しています。

②オブジェクト指向プログラミング
手続き型の基本を理解した後、オブジェクト指向に進みます。直感タイプのバーバルシンカーにとってオブジェクト指向は、文法から学び、データの操作をモジュールとして目的で分割する視点から入ると腹落ちしやすいでしょう。直感タイプのビジュアルシンカーは、オブジェクトが階層になっており、データと操作をオブジェクトとして意味でまとめる視点を持つと理解が進みます。

③関数型プログラミング
最後に関数型プログラミングを学びます。関数型は純粋な関数と再帰を重視するため、直感タイプには最初は難しいかもしれません。しかし手続き型とオブジェクト指向の知識があることで理解しやすくなります。

確かめるタイプ

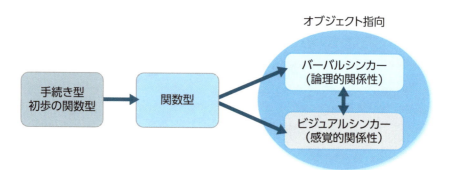

〔順序〕

①手続き型プログラミング

確かめるタイプにとって、手続き型は、一貫した規則によって手順が記述される点が、目で追いやすく（反復して確かめやすく）、デバッグの考え方も馴染みやすかったことでしょう。手続き型と初歩の関数で入ることで、再現性を何度でも確かめられるため、プログラミングの基本的な概念を理解するのに適しています。

②関数型プログラミング

手続き型の基本を理解した後、関数型プログラミングに進みます。投入した値（引数）が同じであれば関数は常に同じ結果を返すというルールは、プログラムの動作を予測しやすく、検証が容易です。明確な理論的基盤が事前にあることは、確かめるタイプの学習者にとって安心できる（≒雑念を排除できる）ため、集中して学習を進めることができます。

③オブジェクト指向プログラミング

最後にオブジェクト指向プログラミングを学びます。確かめるタイプのバーバルシンカーは構造設計（ジャクソン法・ワーニエ法など）を学ぶと深く理解が得られます。確かめるタイプのビジュアルシンカーはデザインパターン（再利用）から入ると理解が進みやすくなります。

なお、それぞれのフローを自然に使った人が「直感タイプ」「確かめるタイプ」

という逆の推定をできるわけではありません。その人の学習のやりやすさは、価値観によっても変わります。さらに認知や体験など様々な要因が絡むため、一概ではありません。

　ここでは学習のやり方によって無用な苦手意識がつくことを防ぐルートを示しています。個々の認知特性を変更するわけではありません。自分の特性や学習スタイルを理解し、自分に合った学習フローを見つけられれば、自身のポテンシャルを最大限に使い、プログラミング学習の成功率が向上することは明らかです。

　本来、学習計画は指導者と学習者との間で「見立て」と「方針」を定期的にアップデートしながら策定されるものです。しかしここでは読者自身が1人で学習計画を作るための道具として、ワーキングメモリモデルと学習ルートをシンプルに示しています。読者が、より効率的な学習方法を発見・紡ぎだすことを否定するものではありません。自分に合った学習方法を選び貫いてください。

自分の特性を誇る勇気、そして他者の特性を認める勇気

　プログラムの構造化、関数型、オブジェクト指向……これらを学んでも、そして何度学びなおしても、一部のパラダイムがどうしても理解できない、ということはあります。仮に理解はできたとしても、積極的に使用する気にはなれないこともあります。それは、努力の問題ではなく、あなたの特性かもしれません。そのときは、その時点で、手を広げることをいったん終え、あなたに向いたパラダイムを深掘りする局面に入っているかもしれません。実際、そうしている人は少なくありません。世の中に関数型やオブジェクト指向に**特化**した言語が存在するのは、そうした人があなただけではないという証左です。自分の特性を誇りにできるよう、次はあなたの得意分野として磨いていくことも一つの選択です。

　ただし！ そのときに、大切にしてほしいことがあります。

　「ほかのパラダイムと、その手法を否定しない」

ということです。

●第5章　プログラマーはなぜプログラミングができるようになったのか●

　関数型を得意とする人は、オブジェクト指向の出たとこ勝負で先を考えない
コードが無計画に見えることもあるでしょう。クラス間依存や複雑な継承構造
をとっているコードが無秩序に感じられ、安定しない「状態」を不具合の温床
と受け止めるかもしれません。

　オブジェクト指向を得意とする人は、数手先まで読んで積み上げる関数型が、
読みづらさやまとまりを欠いたコードのように見えることもあるでしょう。関
数型の制約ゆえに、冗長になることをものともしない書き方に辟易とするかも
しれません。

　構造化・それ自体も、バーバルシンカーとビジュアルシンカーで、相容れな
い感性の違いが潜在します。コミュニケーションが不足すれば、互いがとって
つけた理由を振りかざすかもしれません。

　しかし、あなたのこれまでの努力を、他者の努力を否定する形で、表明なり
正当化する必要はないのです。プログラマーになるには、誰もが切ないほどの
努力をします。そうして自分が行き着いたパラダイムを誰かに否定されること
は、その努力を否定されたように受け取れます。そのような気持ちを、あなた
が他者に起こさせる必要はないのです。

　本章で示したとおり、その人が得意とするパラダイムは、その人の得意とす
るワーキングメモリや認知特性の影響を受けます。ただし、この<ruby>概念<rt>バドリーモデル</rt></ruby>は、
2000年に発表されました。一方、プログラミング言語の構造化議論が積極的
になったのは1970年頃であり、Pascal (1971)、Smalltalk (1972)、C言語
(1972) が登場しました。これらの言語は最新の認知心理学と直接結び付いて
はいません。言語開発者の視点に依拠した「個人的な使い勝手」から出発し、
その感性に親和できるプログラマーによってその歴史を紡いできたものといえ
ます。その当時であれば、プログラマーになれる人と・なれない人という分類
結果を、努力やセンスといった優劣的な尺度としてふるい分けてよかったかも
しれません。しかしいまから先は違います。

　AIによるコーディング支援範囲が一定以上に広がると、逆に人の役割が増
大します。

　●コーディング責任が最終的に人にある現実

130

▶プログラマーになった人がしてきたこと

● AIの思考（シンク）では到達できない、感覚（フィール）による創造性
● 人のニーズや感情や文化に対するすり合わせ

　こうした属人的な期待がそれぞれの人にますます寄せられるようになります。これは、とりもなおさず「個人の認知特性」に注目が集まり、再評価されるということです。そのときに異なる認知特性を揶揄することは、倫理的にも技術的にも不当な扱いとなります。

　あらゆる個人のふるまいが記録され残ってゆくこの時代に、将来において指弾されるおそれのある主張は、熟慮して行う必要があるでしょう[注5]。むしろ、自身の特性を誇る勇気と、他者の特性を認める勇気が、あなたのこころのうちで等価であることを望みます。

✏️ ワーキングメモリを鍛える必要はない

　成人して完成したワーキングメモリを、後から変更する（鍛える）ことができるか、については研究は続けられているものの、2024年現在、ワーキングメモリ自体を鍛えることはできない、ということが統計的に示されつつあります。ワーキングメモリの個人差はジャストらの3CAPS（1992）やジョン・アンダーソンのACT-Rモデル（1973〜）によって数値化の試みがされてきました。

　ワーキングメモリの評価には、容量・速度・正確性という尺度がありますが、様々な研究によって、ワーキングメモリが適切な刺激のある生活だけで上限まで鍛えられていることや、むしろ容量制限があることによって学習効率が最適化されている・特に言語学習においては制限されているほうがメリットが大きいことが研究によって示唆されています。

　プログラミングを含め、ワーキングメモリに結び付いた「長期記憶」を豊かにすることによって、ワーキングメモリの入出力内容を高品質にすることができます。コーディングを通じて体験を積むことが長期記憶の形成につながり、実際に使えるスキルとしてワーキングメモリに引き出せるようになります。

（山崎晴可）

注5　「Staticおじさん」など

第6章

自分に合う本を選ぶ

●第6章　自分に合う本を選ぶ●

初学者から中級者にかけては書籍選びがたいへん重要です

▶ 知識だけではなく「思路」を書いた入門書を選べ

新しいPython入門書？

初心者の方に入門書を選ばせると、Pythonであれば、おおむね図のような構成の本を買ってきます。いかがですか？

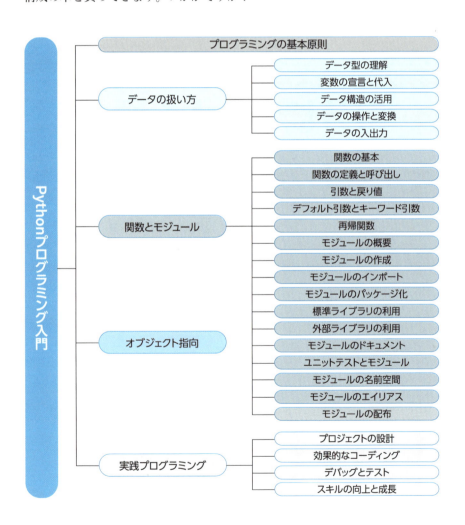

▶知識だけではなく「思路」を書いた入門書を選べ

　この本、バランスがいいですよね。Pythonでキモとなるデータの扱い方を、冒頭からたっぷりとっています。関数に寄っているようにも思いますが、入門という前提ならこれ一冊でなんとかなりそうです。この内容で、書籍通販サイトが星3個以上付けていたら、安心して買えそうな内容に思います。

新しい徳川家康入門書？

　なら、こっちはどうですか？ 新しい徳川家康入門書です。こっちも、いろいろと学べそうですよね？

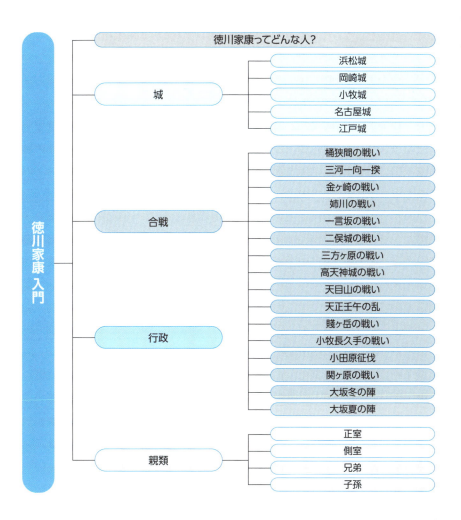

135

●第6章　自分に合う本を選ぶ●

　あっれぇ？ ……察しのいい方は、お気づきですね？ この徳川家康入門は、もはや「辞典」ですね。徳川家康という人物をあらかじめ知っている、すでに基礎知識のある人が使うリファレンス（資料）です。

　多くの歴史書は、ある程度時系列で書かれます。歴史で発生するイベントやターニングポイントは、前後関係を知らなければ理解ができないからです。しかし、ここで示した徳川家康入門は、伝記やテレビドラマ、歴史シミュレーションゲームなど、すでに進行中の徳川家康の物語に対し、その副読本として使う資料・参考書となります。初めて徳川家康という人物を知るための教科書としては、本書は適さない人が多いでしょう。

　歴史書だとこうして気づきやすいですが、プログラミング入門書で同じことをされたら、それが問題になるとは、なかなか気づかないのです。

プログラミングは進化の歴史に従って学ぶ

　ヒトは受精後、胚となり、細胞分裂を繰り返しながら成長し、約8週間で胎児となります。この胎児までの成長段階は、生命が進化していく35億年の過程を縮図で示します。魚類や爬虫類だった頃の進化の系統を再現しているといえるでしょう。その再現によって、人は細胞から人間に向かうのです。

　プログラミング言語も、それ自体が進化の歴史です。すべての文法・構文・関数に、その機能が希求された「歴史的背景」と前後関係があります。言い換えればコンピューターとプログラミング言語の歴史によって、文法・構文・関数が相互につながっています。サブリミナル的で、表面上は気づきにくいですけどね。

　このような背景にあるため、初学者として細胞から胎児になるまでの期間は、プログラミング言語の進化の歴史に沿って学ぶことが本則です。「コメント文」に始まり、宣言文、初期化、演算子、データ型、参照（ポインタ）、定数、関数、引数、オブジェクト生成、オブジェクト消去……。プログラミングは、その言語の進化の歴史に従って学ぶ（教える）ことが、最もその言語に対して調和的であり、最も広く学習効果が期待できます。これが、30年以上プログラミングを教えてきた筆者の結論です。

136

▶知識だけではなく「思路」を書いた入門書を選べ

● 進化でつながっている

コメント文
宣言文
初期化
演算子
データ型
参照(ポインタ)
定数
関数
引数
オブジェクト生成
オブジェクト消去

6

　しかし、私が見る限り、近年のプログラミング入門書の……少なくとも半数近くは、それを忘れています。前項で例示した「架空のPython入門書」のように、文法・構文・関数のつながりを解体し、独自の分類をし、結論を「説明」しています。それで効果がある人もいるのでしょうが、全体としてよい方法ではありません。

そこに至る思路を教える本でなければならない

　冒頭の「架空のPython入門書」「架空の徳川家康入門」は、それぞれの学習課題を、階層化と、パラグラフという論理的な単位に分割したものでした。説明を並べ、それらしい刺激（モチベーション）を与えれば、それで教えたことになる・教えているように見える、という方法は「学校教育」という観点では、もはや過去のものです。日本の1970年代後期から廃止され始め、1990年代後半の「生きる力重視の学力」によって、完全に主流からおろされました。

　プログラミング入門書にも同様の歴史があり、1960年代の書籍は国内外を問わず、仕様書や論文のようなものでした。それらはテクニカルライティングという方法で記述されており、階層化され、前提知識のハードルが高く、非常にとっつきにくいものでした。変化が生じたのが1970年代のマイコンブームからで、大内淳義 著.『マイコン入門』(広済堂出版, 1977) は、その一冊です。

137

●第6章　自分に合う本を選ぶ●

著者の大内淳義氏は、後にNECの会長にのぼりつめます。平易な文章で「語る」、自分の経験や考え方を「語る」。このスタイルは1980年代のマイコン雑誌ブームに受け継がれ、書籍・雑誌の一大潮流となり、2000年頃まで続きます。

　プログラミング学習では、知識を学ぶことよりも「思路」を学ぶことが大切です。入力は何か、それによって何を達成すべきか、出力で何を返すのか。どうしてこの関数を選んだか、なぜこのロジックなのか、どうすればシンプルにできるか。初期のマイコン雑誌では、いちいち、その理由を書いていました。基礎知識のなかった一般人はそれを読むことでプログラマーの思路を疑似体験することができました。マイコン雑誌には、バーバルシンカー、ビジュアルシンカーそれぞれに多様性に富んだ執筆陣が「投稿」などをきっかけとして次々に参入し、やがてそれらの記事が単行本として出版されたので、読者は自分に合った（読みやすい）連載や書籍を選ぶことができました。読者は書籍によって、著者の視点を肩越しに見せてもらうことができます。そして語る内容によって、著者の思路を追うことができました。それがプログラミングの学習でした。この当時のプログラミング入門書は、書籍のアドバンテージを遺憾なく発揮していました。

　しかし2000年頃からその潮流に変化が生じます。「パラグラフ」を使った記事デザインの登場です。それを機に、日本のプログラミング入門書は、かつての「説明をして刺激を与える教育」に向かって逆行を始めます。中途挫折をした人の本棚からは、決まってこのパラグラフ形式で階層化された入門書が出てきました。

▶ パラグラフ形式が為した功罪

┃パラグラフとは

　パラグラフとは、文章の構造技法の一つで、論理を効率よく伝える技術の一つです。テクニカル／ロジカルの派生技術があります。

138

①パラグラフライティング
文章を段落ごとに分けて書く技術。各段落は一つの主要なトピックを中心に展開され、序論、本文、結論という構成を持ちます。テクニカルライティング、ロジカルライティングの基本構造です。

②テクニカルライティング
マニュアル、ガイド、仕様書で使われる技術。手順や再現、情報提供に主眼を置き、正確さ、明確さ、一貫性が重要視されます。

③ロジカルライティング
論理的な構造を持つ文章を書く技術。主張、証拠、結論という論理構成を持ちます。

この3つは対立するものではなく、互いを補い合う関係で、しばしば同時に使われます。

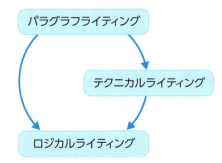

基本のパラグラフでは、伝えたい事柄から、代表的なトピックを抜き出し、序文としてタイトルや冒頭に配置します。これをトピックセンテンスといいます[注1]。そのトピックを具体的かつ簡潔に説明し、最後に結論を書くと、論理が明確になり伝わりやすくなります。見本として、本項は、パラグラフライティングを用いています。

パラグラフは錯覚を生む

人はわかりやすいことを、より正しいことのように錯覚しやすく、パラグラ

注1　木下是雄 著. 理科系の作文技術, 中央公論社, 1981, p.62

フ形式で構造化された文書の説得力は絶大です。論理展開を行う文書でありさえすれば、パラグラフは強力な構造化ツールになります。少ない負荷で効率的に情報を伝えられる……といわれ、広く使われるようになりました。

　　学術論文・新聞記事・雑誌・書籍・取扱説明書・Webページ……

あらゆる場所で使われ始めました。

　パラグラフがカバーするコンテンツ領域は拡大し、WordPressを代表とするCMSのデザインテンプレートは、タイトル、トピック、センテンスの「パラグラフ・フォーマット」であふれました。それらに論理も主張もありません。外見だけがパラグラフになっています。マンション広告のようなトピックが書かれた企業サイトが氾濫しました。

　2000～2010年頃にかけて、パソコン雑誌の記事や入門書の構成は、パラグラフを基軸としたデザインになりました。商業出版物として「映える」とともに、読者に対して説得力があるからです。

論理だけで人は動かない

　しかしパラグラフは万能ではありません。パラグラフライティングで表現するのは「論理」です。でも人は論理だけで考えないし、判断もしません。その人の過去のエピソードや、感覚（感性）と整合しない限り、本心からの納得が得られないからです。人の認知において「論理」はワーキングメモリの言語性コンポーネントに対して作用します。ほかのコンポーネントには作用しません。

　このため、パラグラフで書かれた入門書は、一定数の「イメージできない」「ピンとこない」という層を生じます。もちろんバーバルシンカーで、論理を信仰する勢いの人に対してであれば、それだけで説得する材料になることもあるでしょう。あるいは自身もバーバルシンカーで、パラグラフを信仰し、論理に従わない人に対して「なぜ理屈がわからんのだ」と憤ることも、その人生の中で多いかもしれません。

　しかし、近世の名立たるリーダーが、論理だけでは動かないことがあった事実を鑑みれば、そのリーダーたちが、ただのわからずやとは限りません。自身

の意思で感情や惰性をねじ伏せ、論理だけでなく複数の思考経路を用いて判断しているのかもしれません。むしろ論理一本の説得手段しか持ちえない側こそ、柔軟な視点を持つことが求められるでしょう。

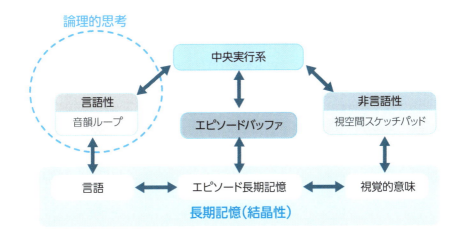

パラグラフは「責任を果たす」道具である・内容を記憶するには不向き

　パラグラフは記憶しなくて済むようにする技術といえます。必要なときに、必要な部分を引くための書き方です。せっかく文書があり、すぐに引けるのだから、記憶しなくていいのです。この特性によりパラグラフライティングを使えば、物事の説明責任が果たせます。たとえば「取扱説明書」。手順を整然と説明し、その責任を果たした証明となります。あるいは「仕様書」。目的・機能要件・非機能要件などを過不足なく説明するのに有効です。説明責任を果たせます。しかし、**それが自分に向いたとき**、学習を保証していないことに気がつきます。

　パラグラフは読み物を扱いません。読み物が序論、本文、結論の構造でないからです。時系列に沿ったストーリーは、長期記憶に定着させるために有効です。しかしパラグラフでは、しっかりした読み物やエピソードの提示は困難です。

　ストーリーによる記憶を代替する目的で、図解をパラグラフに組み込み、視

141

覚的意味を経由して長期記憶に結晶化させる方法がよく採られます。ただ、その効用は図解という非言語性の視覚情報を載せ補ったことによるもので、パラグラフの効用ではありません。

小中学校の教科書でもパラグラフが部分的に用いられますが、そこでは記憶の定着のために一時的にパラグラフのルールを外して、物語や設問を置くという方法が採られます。記憶という観点では、ストーリー形式が有利だからです。

もしパラグラフライティングの本を読む機会があったなら、読み終わった後、本を閉じて、どれだけ内容を思い出せるか試してみてください。きっとその本もパラグラフで書かれているでしょう。その効果を実感できるはずです。パラグラフライティングは、非常に優れた文章構造技法ですが、記載内容を多くの個人に記憶・体得させるには不向きです。

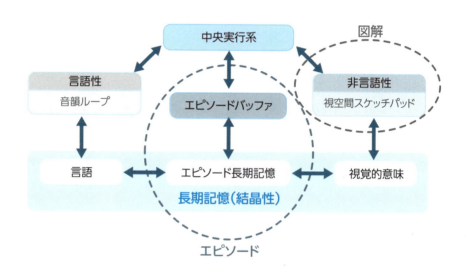

入門書を見映えで選んではならない

プログラミングは、しばしば局所的な研究を行います。こっちでやってみようか、それとも別の方法を使おうか。そのときの迷いを、先人はどう整え決断したか。プログラミングを始めた初学者が、書籍に希求している情報は、この仮説時点から始まる迷いの解決事例、そしてその追体験です。

▶パラグラフ形式が為した功罪

　プログラミング技術書では、よく「サンプルコード」が提示されます。しかしプログラミング**入門書**では、サンプルコードの提示だけでは足りず、どのようにしてそのサンプルコードに至るのかという**思考過程の明示**が求められています。つまり、初心者に必要なのは、結論ではありません。経過・すなわち「思路」なのです。説明に終始する著者は、これが書けません。結果、パラグラフに頼ろうとします。

　パラグラフ形式は、主張や状況がめまぐるしく変化する「連続体」を苦手とします。著者が**実際**に行った思路は分断・改変・再構成されてしまい、文章から思路を追うことを難しくします。また、バーバルシンクやビジュアルシンクといった認知の多様性も、論理思考の狭い一角に押し込められてしまい、読者の選択を狭めます。

　パラグラフで書かれた学習書を、自身の学習に向けたとき、

- 思路が追えない
- 記憶に適さない
- 時系列的つながりを分断する
- わかったような錯覚をしやすい
- 言語性ワーキングメモリに偏って負荷をかけることがある（一見、読みやすいように見えるが疲れる）

というパラグラフライティングの負の攻撃性を自分がまるかぶりしてしまいます。

　パラグラフライティングを悪者にしたいわけではありません。プログラミング入門書には合わない、という話です。資料として使う「リファレンス」であれば、思路の学習はとうに終わっている想定ですから、むしろパラグラフ形式で喜ばれることが多いでしょう。

　パラグラフ形式は、たとえ見映えが良く・自分を納得させられそうだとしても、学習という観点においては、地味だがしっかりと思路をたどれる書籍が適しているのはいうまでもありません。書いていることがわかるか、ではなく、著者の考えがわかるか。これが入門書選びに求められる大切な要件です。

▶ あなたに合う書籍

　近い将来「プログラミング入門」は、AIが、あなたの認知特性に最適化したカリキュラムを構成し、既存の書籍を、あなたの特性に合わせて内容を再構成してくれるようになるかもしれません。しかしいまは、自分に合った書籍を自分で選び出すことが必要です。それには、本書がここまでで述べた個人の特性、

- 直感タイプ／確かめるタイプ
- 言語性（バーバルシンカー）／非言語性（ビジュアルシンカー）

を二軸のポジショニングマップにすることで、書籍選択の目安にすることができます。

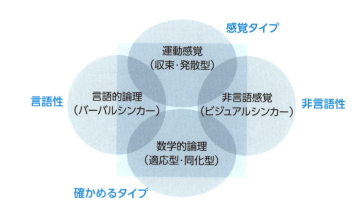

　旧・知能検査のWAIS-Ⅲで用いられていた言語性・非言語性の軸に、コルブの経験学習モデルとガードナーの多重知能理論をミックスしてプロットしたものです。筆者の推論であり、具体的なエビデンスを持ちませんが、自分に合った書籍を選ぶには非常に便利で、筆者はよく使っています。確かめるタイプは言語性の特性を一部有し、感覚タイプは非言語性の特性を一部有するため、縦軸がやや斜めになる変則的なマップになります。

　このマップをもとに、それぞれのタイプの中央と結節点に「教材」を置いた

のが次の図です。これは、そのタイプの人が、どのような思考道具が教材にあれば、理解が進みやすいかを表しています。

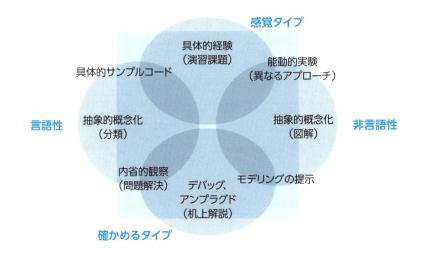

たとえば感覚タイプで言語性（バーバルシンカー）なら、「具体的なサンプルコード」と「演習課題」が豊富にあるもので、共通のプログラミングパターン、頻出するデータ構造といった「分類」を例示している書籍が好適です。

あるいは確かめるタイプで非言語性（ビジュアル）なら、「モデリング」や「図解」が豊富で目で追えるフロー図やサンプルコードがあるなど紙上（机上）で思考できる書籍が入門のハードルを下げてくれます。

もちろん言語性／非言語性のいずれでもなく、感覚タイプ／確かめるタイプのいずれでもないという人は、これらがまんべんなく備わっている書籍をフィーリングで選んでかまいません。言語性／非言語性、感覚タイプ／確かめるタイプの各特性は、1人の人に両立することもあります。これらは逆相関ではありません。

市販の書籍をこの8要素で分解し、「強い・どちらでもない・弱い」でチャート上にプロットすると、形状が円または楕円になっていることがわかります。レーダーチャートのようなデコボコになることは稀です。これは書籍制作が、著者・編集者・デザイナーらの共同作業であり、それぞれの合成ベクトルになるから

ではないかと推定しています。また、プログラミング入門書に限定した場合、広く読者の支持を受け、版が重なっている書籍は、チャート全体に均質な広がりを持ちます。

山田祥寛 著．
独習 Java. 第6版,
翔泳社, 2024.2

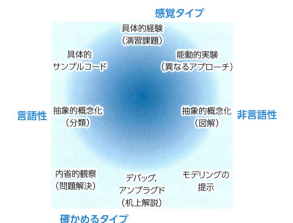

　読者それぞれの認知特定に対して、広く訴求できる内容を持つことで、読者の支持を受けられやすくなるということでしょう。

　同時に、個々の読者の**評価**に対しては、ある種の弱点を持ちます。読者自身の認知特性に合致している部分が受け入れられ、そうでない部分は「余分」のように見えてしまうからです。たとえば言語性（バーバルシンカー）に振り切った人にとってみれば、図解は「簡潔であること」が重要です。そうでなければ整理ができないからです。情報量の多いチャートやマップは、ごちゃごちゃして見えるため、余分なものに感じられます。一方、非言語性（ビジュアルシンカー）に振り切った人にとって、抽象的な論理を丁寧に言葉で説明されると、個々の言葉に注意が引かれ、全体像を掴みにくくします。その結果、難解な文章という印象を持ち、いらないものとして感じられます。

　それぞれから、そうした批判を受けてもなお広範な認知特性に適合させることで、静かなる多数派（サイレントマジョリティ）に受け入れられ、版が重なるという目に見える事実につながります。このことは、入門書に対する「評価」

というものが、いかに属人的かつ無自覚な了見に委ねられているのかを表しています。

辻真吾 著．
Python スタートブック：
いちばんやさしいパイソンの本．
増補改訂版，
技術評論社, 2018.4

　大手出版社になると、一冊の本ではなく、ラインナップ全体で打線（ポートフォリオ）を組みます。そうした中に、認知特性のいずれかに強く寄った書籍があります。評価だけに頼ることなく、服や靴と同じように、書店で実際に内容を確認し、実際にカラダに合うかを確かめることも書籍では大切です。

ピクシブ株式会社 監修ほか．
スラスラ読める PHP
ふりがなプログラミング，
インプレス, 2019.11

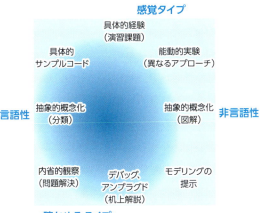

●第6章　自分に合う本を選ぶ●

志田仁美 著ほか.
スラスラわかる PHP 第 2 版.
翔泳社, 2021.6

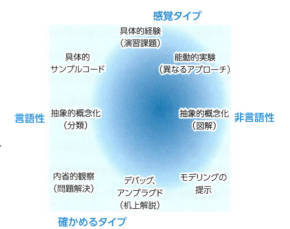

　実は認知特性が完全に振り切った入門書もあります。同じ認知特性の人にとっては、極めて好適な入門書になりうるでしょう。しかしそれをここで紹介してしまうことは、とりもなおさず「著者の心理傾向」をつまびらかにするおそれがあります。極端に寄った認知特性は、著者のアドバンテージであり、同時に生身としてのウィークポイントになりえます。公に示すことは倫理的にも道義的にも慎重であるべきと考えます。読者自身から「自分によく合う書籍」をみつけることは、別の方法によっても可能です。

ブログを見る（著者の普通の文章を読む）

　入門書の著者には、それ以前の「書いた実績」があることが一般的です。書籍に限らず、論文や雑誌への寄稿、ブログやウェブサイトの記事などです。その人が、素で書いた著作物には、その人の認知特性が表れます。その人の認知特性が情報の受け取り方に影響を与え、それが表現方法にも表れるからです。

　ビジュアルシンカーは視覚的な情報を重視するため、図解やチャートを多用する傾向があり、バーバルシンカーは言葉や文章を駆使して論理的に説明する傾向があるのはここまで述べてきたとおりですが、加えて「著者の学び方の違い」は、経験の違いとなって、教える順序や重心の違い、「価値観の方向性の違い」は例題の選び方や信条の違いとなって表面化します。

すべてが、ピタリとあなたに合致する本は滅多に出会えないかもしれませんが、しかし気が合う・シンパシーを感じる文章を書く人であれば、あなたに近い認知特性を持っている可能性があり、その著作もあなたに合う可能性は高いでしょう。

入門書を選ぶ際、著者のブログやSNSを読むことで、その人の思考の流れを把握することができれば、認知特性の遠近を感じられるかもしれません。これはまた同時に、自分では気がつかなかった自分の認知特性を発見する機会にもなります。

伝わる文章

文書は情報を保管する媒体ですが、文章には**伝える**という媒介の役割があります。

伝わり方を支えるのが文芸であり、伝わる文にはうまさ（テイスト）・かおり（フレグランス）・栄養分（ニュートリション）があります。これらは読者に「雰囲気」や「ノリ」として認識されることもありますが、読むモチベーションも重要になる入門書では、文芸が読者の成長に大きく影響することがあります。

技術的に高度な知識を持ち、なおかつ文章技巧にも富んでいる著者というのは希少ですが、直接生徒を教えている方の著作には、表現でよく練られたものがあります。菅原朋子 著.『ゴールからはじめるC#』（技術評論社）は、「感覚タイプ」に寄った内容で、本来このポジションは書くことが難しく、商業出版物としては珍しい一冊です。クラスとインスタンスのたとえとして、たい焼きの型と、たい焼き本体を使うといった、独特の工夫を始め、どうやったら伝わるのかを日々考えられている方の文章が全ページに一貫しています。

図6-4 p.179から引用

●第6章　自分に合う本を選ぶ●

菅原朋子 著．
ゴールからはじめる C#：
「作りたいもの」で
プログラミングの
きほんがわかる，
技術評論社，
2016.4．改訂版 2019.11

▶ 逐次処理と同時処理

　10〜20代のプログラミング学習では、考慮しておくとよいことがあります。ヒトの脳は、段階的な成長を行い、異なる時期に異なる領域が発達します。これによって認知機能にも個人差が生じます。おおむね25歳頃で前頭前野の発達が安定して完成するといわれています。ヒトの成長期が、背の伸びる時期と筋肉が肥大する時期が交互に訪れ、その時期やタイミングも個人によって異なるのは体験された方も多いでしょう。それと同じです。

　プログラミング学習において「認知特性」に合わせた学び方は重要であるものの、25歳ぐらいまでは認知特性が発達中であり、それぞれ安定していません。したがって10〜20代には認知特性が安定していない前提で、学び方をさらに一工夫することになります。

▶逐次処理と同時処理

生徒の特性に合わせた教育現場の指導アプローチ

東京都教職員研修センター「子供一人一人の『分かり方の特性』を生かした指導法に関する研究」(2016-2017) では、子供の分かり方の特性を生かした工夫を図のように分類しました。

A「情報を処理する手段」

継次処理能力優位

同時処理能力優位

B「情報を知覚する手段」

聴覚優位

言語視覚優位

象形視覚優位

体感覚優位

子供一人一人の「分かり方の特性」を生かした指導法に関する研究 (2016-2017)

- A 「情報を処理する手段」の逐次処理／同時処理は、神経心理学者アレクサンドル・ルリア (露1902-1977) が提唱した、脳機能の理論モデルの一部に基づいています。
- B 「情報を知覚する手段」は、教育者ニール・フレミング (NZ1939-2022) が提唱したVARKモデルに基づきます。

AとBは、心理学者アラン・カウフマン (米1944-) が提唱する子供の知能モデル「カウフマンモデル」と結び付けられ、ネイディーン・カウフマン夫人 (米1945-) と共同で開発した「KABC」という知能検査によって、日本の教職員にも一定の知名度を持つ教育心理体系となっています。バドリーのワーキングメモリモデルは、医学や臨床心理学で用いられ研究されていますが、VARKモデルやカウフマンモデルは発達期の子供に着目している点に特徴があります。

「逐次処理」と「同時処理」

逐次処理優位と同時処理優位では次の特徴があります。

●第6章　自分に合う本を選ぶ●

◉逐次処理優位◉

情報を一つずつ順序立てて処理する能力が高い。目的地までの道程は、地図よりも道順を教えてもらうほうがよく理解できます。情報を時間的に順序付けて分析し、論理的に一貫した手順で進めることが得意です。文章の読み書きや計算のような、スモールステップで進行するタスクに強みを発揮します。計画を立て、それに従って行動することが得意です。

◉同時処理優位◉

複数の情報を同時に処理する能力が高い。目的地までの道程は、道順よりも地図のほうがよく理解できます。情報を一度に全体的にとらえ、複数の要素を同時に関連付けて理解することが得意です。このため、図や表、視覚的な情報の処理や、複雑なシステムの全体像を把握するタスクに強みを発揮します。全体的な視点から物事をとらえ、柔軟に対応することが得意です。

▎情報を知覚する手段で、生徒の強みを活かす

　学童を対象としたプログラミング教室をしていると、「わかり方の特性」がよく見えます。

　話が少しでも長くなると「そわそわ」し始める生徒が出てきます。やがて関係のない教材（パズルやロボット）をいじって遊び始め、先生の話はうわのそらです。では、話を短めに切り上げて体験学習に移すとどうなるか。「そわそわ」していた生徒は目を輝かせ教材を手に取りますが、今度はその様子を遠巻きに見る生徒がチラホラと出てきます。うながされて教材は手にとるものの、身体を固くしたままです。その生徒たちは、実物を触るよりも、お話を聞きたいのかもしれません（聴覚・言語視覚）。物を見たり（象形視覚）触ったり（体感覚）ではないのです。

　そんなとき、そのように固まってしまう生徒たちを再度グループにして、先生は教材を手に、「手順」を「お話し」します。

　え？　試行錯誤が重要な局面で、答え（手順）を最初に教えてしまって大丈夫なのか……

152

▶逐次処理と同時処理

　大丈夫です。確かに象形視覚優位・体感覚優位の生徒に答えを教えてしまうと効果やモチベーションが下がりやすいですが、聴覚優位・言語視覚優位と思われる生徒には軽く手順を教えたほうが消化が早いことが多く、応用への移行も問題ありません。生徒は何度でも試みます。あくまで「知覚手段」の違いです。そして、それぞれの違いは「強み」と表裏にあることがわかってきました。

　「見て気づく、見て納得する、見て覚えるのが得意」すなわち「見て情報を取り込むのが得意」という強みは、「長々と話し言葉で説明されるのは苦手」「見たら誘惑に負ける」という弱みと表裏かもしれません[注2]。「聞いて理解する、聞いて記憶することが得意」つまり「言葉で情報を取り込むのが得意」という強みは、「図表やグラフ、模型を使った学習効率が低い」「騒がしい環境では集中できない」という弱みがあるかもしれません。ほかにも触って理解することが得意だったり、音で理解することが得意だったりという生徒もいます。

　かつては「ちゃんと」という言葉で、話を聞く・手を動かすという「指導に従えること」が優秀さにつながると信じられていましたが、現代ではそれぞれの強みを見据え、生徒に合わせた指導方法や教材選択が、効果的な学習につながると考えられています。この変化は、教育現場だけでなく、自己学習や書籍選びも同じです。

それぞれの書籍選択

　逐次処理優位と同時処理優位のそれぞれの特徴を、書籍選択の二軸ポジショニングマップにプロットすると、図のようになります。

注2　吉田友子 著. 自閉症・アスペルガー症候群 「自分のこと」 のおしえ方 , 学研教育出版 , 2011,p.16

●第6章 自分に合う本を選ぶ●

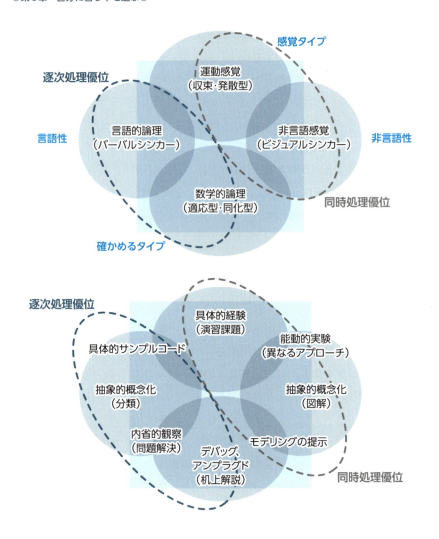

　逐次処理は「論理」グループ、同時処理は「感覚」グループにあることがわかります。これは偶然ではなく、逐次処理能力優位の人は、一つずつ順序立てて情報を処理し、論理的に一貫した手順で進めることが得意だからです。一方、同時処理能力優位の人は、複数の情報を同時に処理し、全体的な視点から物事をとらえ、感覚的な理解や直感的な関連付けが強みです。

　若年者の発達の段階にあって、

▶逐次処理と同時処理

● 長所を伸ばすために、いま強みを持つ方向に教材を選んで長所を活かしていくか

● 短所を克服するためにあえて苦手な教材を選び学びの引き出しを増やしていくか

一概な答えはありません。

　学校教育では「長所活用型指導」が多く、「本人に合った教材」を基本的に使います。しかし、ためしに生徒の認知特性に対極の教材を使ってみたら「意外に相性が良かった」ということも、実際に遭遇します。発達段階にある初学者は、認知特性を決めつけずに、いろいろ使ってそのときに合うものを探す、という方法もよいのではないでしょうか。

「わかりやすい」とは誰にとってのことか

　入門書の書籍タイトルでは「わかりやすい」という言葉がよく使われます。しかし、わかりやすさは人によって様々であることを本章で理解されたことでしょう。

　プレゼン資料一つとっても、バーバルシンカー（言語性）とビジュアルシンカー（非言語性）で作り方も構成も異なります。バーバルシンカーは、論理的な文章でスタートから道順そしてゴールまで書いて、それに図版がついてくる作り方をしますが、ビジュアルシンカーは地図を見せてほしいわけです。逆にビジュアルシンカーのプレゼン資料は、要素（図）から入り、複数の要素がどう関係しどのように活用するかという構成になりがちですが、手順で全体をイメージしたいバーバルシンカーにはつらい内容です。両者が、折り合うのは難しいでしょう。ただ幸いなことに、半数近くの人は章末で取り上げた逐次処理優位や同時処理優位の時期を経るなどして、バーバル／ビジュアル双方の視点を持つ時期が到来し、どちらにも対応するようになります。

　発達期に見られる逐次処理優位と同時処理優位を、私はスクールカウンセラーだった妻から教わりました。さっそく書籍選びのポジショニングマップにプロットするために、原典にさかのぼって配置したのが前項の図です。

　この図ができたとき、私は別の発見をしました。逐次処理優位と同時処理優位それぞれに「外的世界」と「内的世界」のグループが交わっていることです。外的世界は、私たちの周囲に存在する物理的な世界。内的世界は、私たちの内面に存

●第6章　自分に合う本を選ぶ●

在する感情、記憶など想念の世界です。精神分析では「対象関係」と呼び、この2つを対の存在としてとらえています。子供を含む若年者は、脳の成長によってめまぐるしく変化する自身の認知特性に振り回されながらも、けなげに適応の努力をし、逐次処理／同時処理という形で、それぞれが内的世界の手法、外的世界の手法を得て、懸命に物事を認識しようとしているのだなぁ、と感じ入ったことでした。

　プログラミングに限らず、入門書は情報の内容だけでなく、その伝え方や構造にも「わかりやすさ」の手段があるのだということを理解していただけたら幸いです。

（山崎晴可）

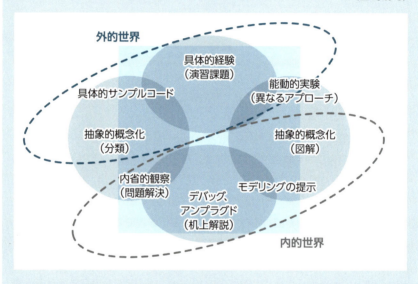

エピソード

一冊の本

●エピソード　**一冊の本**●

事 例 研 究

Nさん（当時25歳・男性）は2人兄弟の第二子。

会計事務所を営む父（58歳）、同事務所を手伝う母（57歳）、中学校教諭の兄（27歳）の4人家族。両親は地元の同じ高校出身で在学時は互いに顔を知っている程度。父が大都市の大学を卒業して、地元の会計事務所に就職した際に、そこで事務員をしていた母と偶然に再会。しばらくして結婚。5年後に長子・その2年後にNさんが産まれる。

2歳上の兄は地元の公立中学・高校に進み、地方の国立大学を卒業し中学校教諭免許（数学）を得た。2年前から地元の中学校教諭。兄弟仲は、Nさん自身は悪くないと思っているが、兄がどう思っているかはわからない、とのこと。小学生のとき太鼓のテレビゲームを奪い合って、髪をひっぱり合うケンカになったのが、覚えている限りで最大のトラブルだと語った。「ほかの家族と違ってうちは熱い人がいないですから」とも述べた。

Nさんは難関私立中学に合格して進学。エスカレーターの内部進学で高校に進み、大都市の私立大学法学部に合格。両親の勧めもあって一時は司法書士を目指したが、大学3年の専門課程で講義についていけなくなり「勉強がつまらなくなった」と1年留年。だがその1年で、ロボット研究のサークル活動に誘われのめりこんだことがきっかけで、ソフトウェア開発に興味を持ち「ソフトウェア業界は見習いでも採用してくれる」と先輩から聞いて、就職活動は一切しなかったという。事実、大学卒業前

から契約社員となって働き始め、いまの会社は二社目で正社員である。

▶ 出会い（X年9月）

　メーカー系システムインテグレーター（大手元請企業）の依頼で、私はX県にある同社の下請けソフトウェア会社「A」へ支援に入った。A社では品質トラブルが頻発し、自力対応に想定以上の時間がかかっていた。組織的に疲弊しているおそれがあるので、診てあげてほしいというもの。依頼してきた担当者は、かつて私の会社でインターンシップを経験した、私の元教え子でもあった。

　A社訪問の初日。A社の社長は、同業者でもある私が、上流から派遣されてきたことに戸惑いを隠さなかった。小さな会議室で、私と社長の2人だけになると、社長から笑顔が消えた。そして元請の真意をはかろうとする話ばかりをされて、初対面の2時間が過ぎた。だが、かえって好都合だった。社長が何をおそれているかが、それで明らかになったからだ。

　私が「こちらの会社にうかがったのは評価のためではありません。経営方針にかかる部分に私は関与しないし、口出しもしません」と約束したうえで

「品質トラブルで緊張状態が続くと調子がおかしくなる人がでますからね。それが始まると製品だけでなく組織も重症化します。すべてを防げないかもしれませんが、ある程度なら私の経験が役に立つかもしれない。2〜3日だけメンターとしてお手伝いさせてもらえませんか」

そう述べ、加えて「（元請企業の）○さんはうちでインターンしていたことがあるのです。僕の教え子なんですよ、そんな彼からの要請です」と押すと、○さんを尊敬しているA社の社長の表情がゆるんだ。そして

159

●エピソード　一冊の本●

「そういうことなら、いちばんにみてほしい人がいる」

と社長がいった。それがNさんだった。

　Nさんの職務経歴書によれば、前職では在庫管理システムのプログラミング
とバグチェックでC/C++を使って1年間作業経験があるように書かれている。
A社はC#を主力とする会社だったが、慢性的に人員が不足しており、社長は「知
り合いで親和性のある言語使いがいないか」と従業員に問うた。1人から「大
学の後輩に、いいのがいる」としてNさんが紹介されてきた。社長自身が面接
を行い、Nさんが趣味でC#を使っていたこともわかり、問題ないと判断。前
職のプロジェクト終了を待って、Nさんは24歳でA社に転職した。約1年前
のことだ。

　入社から10日程度のOJT（On-The-Job Training）で、指導者付きながら
も詳細設計書から開発業務をこなせるようになり、年齢的にも周囲の期待は大
きかった。

　ところが入社から5ヶ月頃をピークに、少しずつコーディング量の低下が見
られるようになった。8ヶ月を過ぎると同僚の半分ほどしか成果物を出せなくなっ
た。外見からはNさんがさぼっているようには見えず、キーストロークなど
の活動指標はむしろ増えている。これはNさんの判断や試行錯誤が失当して
いるのではないかと考えられていた。つまりミスが増えていると職場は推測し
た。技量が向上して、アクロバティックなコーディングを行い、かえってミス
が増えてしまうことはよくある。ただ、Nさんの場合はそうではなさそうとい
うのが、直属の上司の印象だった。

　自分の仕事がうまくいっていない、というのはNさんも自覚があり、Nさん
のあまりの元気のなさに脳の病気を疑い、社長が病院を紹介したときもNさ
んは素直に従っていた。だが受診の結果、脳機能には問題が見つからなかった
という。Nさんの上司であるプロダクトマネージャーは、仕事量はいまのまま
でいいから無理はしないでくれとNさんに指示している。会社としてできるフォ
ローはすべて行っている印象があった。いやこの規模の会社としては、むしろ
上出来といっていいだろう。

　さしあたって、私はNさんと話をしたいと社長にお願いした。

▶出会い（X年9月）

　A社はX県のオフィスビルに入居している。フロアは約100平米。ここに

　　創業者で代表取締役社長兼技術責任者1名
　　共同創業者で経理兼財務責任者1名
　　プロダクトマネージャー2名
　　システムエンジニア兼プログラマー約10名（うち社外スタッフ6名）
　　プログラマー5名

の約20名が一つのフロアで働いていた。1人あたりの面積は標準か、少し広い。西向きで午前の光量は少なめだが、照明の光量が十分に補っている。国道沿いだが、騒音はほとんど聞こえない。ぱっと見た印象として、組織的に停滞している空気は感じられなかった。
　私は従業員の中から直感でNさんを見つけられるかと見渡したが、結局わからなかった。社長に案内され「彼です」といった視線の先にいたNさんは、社長席近くの島にいた。
　どこにでもいる20代の青年という印象だった。少し小柄で、髪は短く刈られ、平均よりかはわずかに痩せている。9月で外はまだ暑いが、よく洗われた半袖の襟付きシャツに、革製の黒のベストと、ジーンズを着用していた。
　A社の社長がフロア全体を見渡して「紹介します！ コーディングの指導に来ていただいた山崎晴可先生です。よろしくどうぞー」と声を響かせると、「よろしくですー」という皆の声と同時に「え？ あの電話研究所の？」という声が聞こえた。社員のうち数人が私の作ったフリーソフトのユーザーで、使ってましたぁと笑顔とともに寄ってきてあいさつをしてくれた。Nさんは私を知らなかったが、私の自己紹介と、周囲の反応で、そういう人なのだという理解をした、と後で聞いた。
　社長がNさんに「いろいろ山崎先生に聞いてみて」といったので、私がそれを引き継いで

「日が浅い方の相談に乗ってます。今日は私とお話をしてもらっていいですか？」

161

と尋ねた。戸惑いを目にやどらせながらもNさんは「はい」といった。

　私が声をかけた際に、Nさんは慌ててインナーヘッドホンを外していたので、「それ何か聴いていましたか？」と、そこから尋ねることにした。

　「はい……いや、特には」と答えた。私が「お嫌でなければ、それ私も聴かせてもらってもいいですかね？　これ○社製のですよね。買おうかなと思ったので」とせがむと、照れ臭そうに微笑みながら「下のグレードですけど」と左右のヘッドホンを渡してくれた。聴いてみると、EDM（トランス）というダンスミュージックがかかっていた。音量は普通。ノイズキャンセルはかかっていないが、適度に1人になれそうな音質。

　好みの音楽ジャンルを聞くと「特にないですが、いまはEDMをよく聴いています」という。好きなもの、という問いに、聴いていますという答え方。

　「隣に座ってもいいですか？」と尋ね、どうぞといってくれたので、私は予備のイスを引き着座した。そして私のひざ先をNさんのジーンズに触れるぐらいに近寄せる。Nさんに特に避ける動作は見られなかった。

　Nさんは机上にマットやアームレストをひいていない。机上にNさんは、直接手を置き、キーボードやマウスを操作している。

　ディスプレイを見る。輝度は少し明るめだが標準の範囲。コントラストも標準的。「IDE（開発環境）を見せてもらっていいですか？」と尋ねると、NさんはマイクロソフトのVisual Studioを起動した。標準の配色テーマのままで、カスタマイズはしていない。

　なるほど。

　デスク周りを見る限り、Nさんに感覚過敏のようなものは見受けられない。イスの座面がわずかに低かったので2cm上げてもらったほかは、いますぐ取り上げる点はなかった。

　「ありがとうNさん。お疲れかもしれませんが来週また来ますので、今日のようにちょっとだけおつきあいください」

　その瞬間、Nさんに安堵のようなものがうかがえた。Nさんに陪席したのは10分ほどだが、私がいたことで緊張していたのだと、そのときの私は解釈した。

A社の社長にも「みなさんの負荷にならないように、なるべく短時間の訪問にとどめたいと思います」と述べ、次週の訪問の承諾を得た。

その夜、社長からメールがあり、Nさんの安堵した表情が、その日の終業まで続いていたと書かれていた。

▶ 2回目（X年10月上旬）

2回目は、月曜日の午後1時から30分の約束でNさんのお話を聞くことになった。A社はフロアに個室がないため、建物内にある共同の小会議室を借りてもらった。訪問した私が「Nさんこんにちは」というと、Nさんは「おつかれさまです」と答えてくれた。Nさんの顔は1回目よりも硬さがとれ、自身の目の方向に顔を向けるようになった印象を持った。

小会議室に2人だけで面談を始めた。

「お昼ご飯は食べましたか？」「はい」
「昨日（日曜日）はお休みでしたか？」「はい」
「昨日は、どのようにすごされましたか？」

そう尋ねたとき、Nさんは「っ」とのどを詰まらせた。息を止め、次に言葉を発するために十秒を数えたところで、私が「もし立ち入ったことを聞かれていると思ったら答えなくていいですよ、単に休みをどうすごされているのか、うかがっているだけですから」と助け舟を出した。

Nさんは「あ、いえ、そういうわけじゃなくて、何をしていたのか思い出せなかったんです」と笑い「10時ぐらいに起きて……何してたかなぁ」と思案顔になった。

「だいたい寝てらっしゃるかんじですか？」
「そうです」
「お1人で住まわれているのですか？」

163

●エピソード　一冊の本●

「いえ」

「今朝は何時頃起きられましたか？」

「7時直前でした」

「朝ご飯は食べましたか？」

「はい」

「どんな気分で目覚めましたか？」

「えっ……」

　再び、息が止まった。はい・いいえで答えられる質問は即答できるが、答え方に自主性を要する「負荷の高い質問」には極端に言葉が出なくなる傾向がNさんから見て取れた。

　「いま、眠いとかじゃないですよね？」と笑顔を向けると「はい」と答えた。

「ではお持ちの端末で、社内のグループチャットを開いてもらえますか」

「はい」

　チャット履歴を見ると、Nさんは一見、社内では普通にコミュニケーションをしているように見える。しかし、よく観察すると、自主性を伴う返答には非常に時間をかけて（何十分もかけて）応答している様子がタイムスタンプで確認できた。この反応は心理学の領域になることを私は直感した。Nさんの脳の検査では異常が見つかっていない。……いまのところは。

　この場でうかつに踏み込めないので、

　「後でメールを送りますから、時間があるとき、ゆっくり返事を書いてくださいね」

とした。そのときのNさんの返事をまとめたものが、本章冒頭にあるNさんの生活歴と家族歴である。

　プログラミングとは、自主性を要する作文である。多少クセのあるコードを書いても、論理的に正しければ、コンパイラーやインタプリターが自動的に最

164

適化する。機械語で書いても、CPUが中間言語で解釈しなおして最適化する時代。かつてのような美しい書き方が要求される時代ではない。ヘタならヘタでかまわない。しかしNさんの自主性が、なんらかの理由でせき止められ、文章によるコミュニケーションにも障りがあるなら、同じ作文であるプログラミングも苦痛を伴う作業になるだろう。Nさんの成果物が減った理由に触れかけているかもしれない。

だが、そうだとして……ここで一つ疑問が生じる。Nさんは、自らプログラミングに熱中した時期があるのだ。しかも、そのことがNさんを大学ドロップアウトの危機から救った可能性さえある。さらには、前職で1年以上プログラマーとして問題なくキャリアを積み、生活を成り立たせてきた。Nさんは自主性を要するおしゃべりも、作文も、本来できる、いやむしろ得意な人のはずだ。そんなNさんが、自主性を要する作文に苦慮するようになったのはなぜか。そこに大きな謎が生じている。

▶ メールによる相談

自分の言葉で話すことにNさんが困難を伴っていることがわかったので、「感想」「気持ち」を問う質問についてはメールで答えてもらうことにした。無理に面談で尋ねても、好みの音楽を尋ねたときのように「聴いているという答え方」をしたり、休日をどのようにすごしたかという質問に「覚えていない」と答えたりなど、Nさんが何かを回避しようとして生まれてしまった言葉が、Nさんにとって自分の本心であるかのように定着してしまうことは避けたかった。

たとえば「いつからプログラミングが難しくなったと思うか」とNさんに問うことは、Nさんにとって、自分がプログラミングの適性を失っているという自覚につながってしまう。これでは質問している人が自分の目的のために尋ねているだけになり、Nさんにとって有益な問いにはならない。むしろ害である。

このような「人を変えてしまう」問い方は「侵襲性のある質問」であり配慮と慎重さが求められる。支援する側にとって当事者への質問は不可欠であるが「当事者が自分で気づいたこと」が「当事者にとって有益であること」になるよう、支援する側は常に注意深く誠実に立ち回らなければならない。

●エピソード　一冊の本●

　メールで行う質問であっても、結果としてNさんの回復訓練になる可能性があると考えた私は、質問に

- 身体的な事柄（体調など感覚的な話題）
- 精神的な事柄（思ったことや行動したことの話題）
- 社会的な事柄（身の回りの話題）

の以上3つをバランスよく含むようにこころがけた。この3つはBio-Psycho-Social（BPS）モデルと呼ばれ、医療や心理において重要な役割を果たしている。あらゆるリハビリテーションは、この3つを1人の人間内で調和させることを目標にスケジュールされる。

▶ 3回目（X年10月下旬）

　前回と同じく、月曜日の午後1時に訪問した。今回はNさんのコーディングを直接見るためペアプログラミング（1人がコードを書き、もう1人がそれをレビューする手法）を実施することを事前に伝えていた。

　取り掛かる直前、Nさんから「最近集中力が戻ってきたように思います」という言葉があった。「それはよかった」と私も短く答えたが、私の内心は大興奮で飛び跳ねていた。その言葉が自主性のある表現であったからだ。メールのやりとりの効果かもしれないが、別の要因も考えられる。いまはわからない。だが、前進していることは間違いない。

　ペアプログラミングは、プログラムを打ち込むドライバー役と、それを見守り助言するナビゲーター役に分かれ、一つの目標に向かって協力し合いながら作業する。Nさんにやったことはあるかと尋ねたら、ないです、というので、今回だけの簡単なルールを作った。

- アクションはすべて目的を述べてから行う。ドラマで見る外科手術のように「いまからすること」を述べてから「実際の行動」に移す
- ドライバーの目的が理解できたら、ナビゲーターは「はい」という。はいが聞こ

166

▶3回目（X年10月下旬）

えなかったらドライバーはアクションしない
● ドライバーとナビゲーターは10分で交代する
● 1セッション30分とする

初めてのNさんに配慮して、私がドライバーで開始する。実際はこのような会話になる。

「これより、伝票の日付ソートメソッドを作成します」「はい」

「クラス名 Order 確認」「はい確認」

「指定メソッド名 ReceiptsByDate 確認」「はい確認」

「入力開始」「はい」

「入力完了、スニペット動作」「はい」

「try-finally挿入」「はい」

「try直下にブレークポイント設定」「はい」

「実行」「はい」

「これでだいじょうぶですかね」「……いいと思いますけど」

フロアが静かになった気がしたので振り返った。出社中のA社の社員10名強が珍しそうに、私たちの席を囲んでいた。A社ではペアプログラミングはしないのだという。その代わり、定期的なコードレビューをグループ単位で行っているという。

10分が経過して、Nさんの番になった。初めてなので、言葉が上手に出せないこともあったし、長考も多いが、少なくとも私が見ている範囲で大きなミスはなかった。ステップあたりの生産量計測でも、Nさんは社内平均と比較して約20%劣っているにとどまった。それまでが50%減であったことを考えれば、たった1回のペアプログラミングで大進歩だ。

ペアプログラミングは、読み上げを加えることによって、アクションイメージを脳内に可視化する効果がある。これで成果が出たということは、Nさんは非言語（ビジュアル）ベースの思考を持っている可能性が示唆されている。いわゆるビジュアルシンカーの可能性だ。ここでペアプログラミングはいったん

●エピソード　一冊の本●

切り上げた。

　次に、Ｎさんの認知処理特性を確かめてみることにした。小中高校を思い出してもらい「こういうやり方は苦手だった」という手法を列挙してもらった。

- 歴史は年号の丸暗記が苦手だった（×段階的な教え方）
- 国語は漢字の書き順が苦手だった（×順序性）
- 算数の九九は、苦手だった。一覧表を映像で覚えた（×聴覚的・言語的手がかり）

といったエピソードが特徴的だった。逐次処理・同時処理モデルなら、Ｎさんは「同時処理タイプ」といえる。非言語ベースと同時処理の2つを総合すれば、Ｎさんはぶっちぎりの視覚的・空間的思考の持ち主かもしれない。

　だがそうなると、2つ気になることがある。このタイプの人がプログラミングに習熟すると、

- 1. まずプログラムが動作している様子を脳内にイメージをしてから、
- 2. そのイメージに適切な関数やメソッドを、思いついた順にべたべたコードに貼り付けていく

というやり方になっていくはずだ。だが実際のＮさんは、行儀よく1行目・外側のインデントから順に書いていこうとしていた。ワーニエ法に似ている。状態変化、データ構造で分割する手法である。これは言語（バーバル）ベースの論理的思考をする人に多いやり方だ。Ｎさんのタイプとは対極である。なぜ苦手な方法でコーディングしようとするのか。

　私は

　「そのやり方はＮさんに合っていないように思います」

と率直に述べ、その自分ルールはいつから使うようになったのか、と尋ねた。Ｎさんは「ここに入社してからです」と答え、デスクの書棚を指した。そこには有名な書籍が鎮座していた。

▶ 名著とされるものの本質

その本を、仮に「アルファ本」と呼ぶことにする。アルファ本は、ある米国人によって、ある言語向けに書かれた書籍を原著とした、世界中で翻訳されているベストセラーである。基礎から応用までをカバーしているが、どちらかというと「思想」に重心が置かれており、プログラマーの持つべきスタンスに関する示唆に富む。特定の言語にとらわれず支持を受けている。

だが名著というのはえてしてそうだが「脚光が当たらなかったマーケット」で、唯一無二として登場しやすい。

かんたんに説明しよう。

プログラミング言語はその文字どおり「言語性」かつ「逐次処理」が原点である。したがって本質的にはバーバルシンカーに親和性がある。しかし、広く支持を受けたプログラミング言語は、「言語性」「非言語性」「逐次処理」「同時処理」のいずれの思考タイプでも用いることができるように、何年もかけてユーザー（プログラマー）が育てている。そうして大勢のユーザーがかかわることで、プログラミング言語はさらにユニバーサルになる。

だがそれでも、プログラミング言語が「言語性」かつ「逐次処理」という本質を持つため、求められる書籍はうっすらと「非言語性」や「同時処理」からアプローチした内容になりやすい。そのほうがよく売れるからだ。ビジュアルシンカーのために「非言語性」の説明をする。逐次処理を理解しにくい人に「同時処理」の観点でかみくだく。市場の要求に従い、プログラミングに関する書籍はそうした「非言語性」や「同時処理」からアプローチするデザインであふれることになる。その結果、どうなるか。

書店に「言語性」で「逐次処理」の思考タイプに特化した書籍が並ばないのだ。

そんなぽっかりと空いた市場の穴に、ある日「言語性」で「逐次処理」の書籍が投入されると、言語性思考・逐次処理タイプの人から「唯一無二」として絶賛されやすい。無自覚にだ。

プログラミング書籍で名著とされるものは、おおむねそのようにして出てき

●エピソード　一冊の本●

たものになりがちとなる。だから「名著とされるものを買って読んでみたが」「いま一つピンとこなかった」という人も大勢いる。だが、熱烈な支持を受けている本を前に、そう感じた人はサイレントマジョリティとして沈黙する。

　私から見て、Ｎさんが読んでいる「アルファ本」もその一つである。合っている人にはいいのだろうが、非言語性（ビジュアルシンカー）の特性が強いＮさんには、おそらく合わないだろう。なのになぜＮさんは「アルファ本」の技法を使うのか。

社長に話を合わせるため

　Ｎさんが大学時代の先輩から「Ａ社に来ないか」と誘われた１年半前に話はさかのぼる。

　その頃Ｎさんは中堅ソフトウェアデベロッパーで契約社員として在庫管理システムのプログラマーとして働いていた。正社員として腰を据えることを志向していたＮさんは、（大学時代の）ロボットサークルの先輩からＡ社への転職を誘われたとき、正社員雇用となる話がたいへん魅力的に感じられたという。これはＮさんの兄が前年に中学校の教諭に本採用されたことや、その兄と比較して、会計事務所を営む父親から契約社員であることについて「心配」という言葉に変えた圧力がかかっていたことも魅力を後押しした。

　Ｎさんは、誘ってくれた先輩に対して「面接を受けたい」と連絡した。そのとき、先輩から

　　「面接は社長がやることになると思う。そのときに「（アルファ本）」を読んだことがあるか、と聞かれるだろう。その本は社長のお気に入りで、業務でも使うから、読んでたほうがいいよ」

とアドバイスがあった。Ｎさんは、その本を読んだことはなかったが、有名な本として名前は聞いたことがあった。この際いい機会だと、書籍通販で取り寄せ読んでみることにした。そのときの感想をＮさんは私にこのように表現した。

　　「なんだか細かなルールが多くて、正直、これがどうして優れたコードにつ

ながるのかが、わかりませんでした。規則を守れば可読性が上がるというのはわかるのですが、規則のせいでコードが書きづらかったら、読める・読めないどころじゃないだろうと思いました」

まさに非言語思考・ビジュアルシンカーの持つイメージであった。にもかかわらずNさんは、面接のとき、A社・社長の「(アルファ本) は読んだことがあるか」との質問に対し

「あります、一貫性のある書き方をするとチームワークが進みますよね」

と、最高の模範解答をしている。

コメント文の書き方で混乱する

Nさんは A 社に入社後、C/C++から C# への転換訓練が始まった。基本的な文法は同じだったので、ストレスは感じなかったという。だが入社して2ヶ月後にあることが起きた。N さんが、初めて社内の集団コードレビューに参加したときのことだ。

「Nさんなら、どう書きますか」

そうプロダクトマネージャーに尋ねられた。Nさんは日頃やっているように、要求された挙動をイメージして、その最もダイナミックな部分をコードの真ん中に置いた。そして、それを成り立たせるための関数を周囲に並べ始めた。コードとしては十分に動作する内容であったが、それを見ていたプロダクトマネージャーが言った。

「そのやり方もわかるのですが、コードを書きながらアルゴリズムを考えていますよね。それだと詰むことがあるし可読性も落ちる。まず簡単なアルゴリズムを冒頭に言語化してから始めればどうでしょうか」

●エピソード　一冊の本●

そういわれ、コメント（コードの意図を平文でコードに付記する）から書いていくことを推奨された。これは言語思考のアプローチであり、アルファ本が勧める技法の一つでもあった。Ｎさんは、自分のこれまでのやり方と違うなと思った。だけど、権威のある書籍で推奨する方法だし、地位の高いプロダクトマネージャーのいっていることでもある。今後は、そちらに慣れていったほうがよいのだろうと納得したという。

　しかし入社4ヶ月後、同じプロダクトマネージャーから

「コメントの表現があいまい。もう少し明確にしてほしい」

と要望が出た。Ｎさんは戸惑った。自分の書いたコメントが「あいまい」だとは思っていなかったからだ。Ｎさんにとってのコメントの役割は、書いたコードの補足・すなわち動機・目的を書くことだった。だが、プロダクトマネージャーが望むコメントとはコードがもたらす論理の説明だった。いずれも「意図」という言葉でまるめられてしまうが、両者のニュアンスは大きく異なる。その違いをＮさんは吸収できなかった。

　Ｎさんは、コーディングをする前にコメントを並べるようになった。その外見だけは、コメントが書かれ・それに従って忠実にコード化しているように他者からも見えた。だが、Ｎさんの心象風景は以前と変わらず動作イメージが先にあった。ビジュアルシンカーとして動作イメージに適切なコードをソースに割りつけていた。そのほうが、Ｎさんに合っているし、ラクだったからだ。

　このときのＮさんにとって、他者を理解させるために書くコメントは負荷でしかなかった。どんな人も、心に描く動作イメージは必ずしもハッキリとした輪郭が伴うとは限らない。コードを書いてみたら、予想と現実が異なることもよくある。イメージから起こすＮさんのコメントは、常にあいまいさが伴い、それが提出されれば、プロダクトマネージャーからの苦情につながった。Ｎさんは混乱した。なぜ、これではいけないのか。

　隣の同僚にどのようなコメントを書けばよいか尋ねてみた。すると楽々と適切なコメントを紡ぎ出してくれた。なるほど、そのとおりだ、とそのときは納得する。だが、理解はできるがＮさんが持っている才能ではないので、すぐ

▶名著とされるものの本質

にまたコメントで悩むことになる。たちまち、ああでもない、こうでもない、と書いては消しが繰り返された。それがキーストロークを増やした理由だ。もはやNさんは、コーディングではなく「コメントを書く」ことが作業の大半を占めるに至った。

一冊の本が青年を破壊した

その数ヶ月にわたる積み重ねの結果、Nさんは平文、つまり日本語を話すことにすら自信を喪失しつつあった。自主性のある言葉、すなわち自身の内心を言葉にすることに抵抗が生じるようになり、日常の会話にすら……よく観察すればだが……支障が起き始めていることがハッキリと見て取れた。しかしその問題に気づく人はA社の中にいなかった。なぜなら、A社の社長が言語思考の人員ばかりを採用していたからである。

「(アルファ本) を読んだことがあるか」

の一言によってだ。

Nさんは、A社が意図しないところで、A社において完全に孤立していた。後にNさんはこういった。

「山崎先生と、初めて会ったとき、あ、違う人がきてくれたんだと、すぐにわかりました。不思議な気持ちでした。それまでは、自分に何が欠けているんだろうとばかり考えていました。でも、そうじゃないんだ、自分は周りと違っているのであって、欠けているわけじゃないんだと。山崎先生は、先生と呼ばれているけど、自分と先生は何か同じものがある。そんな人が先生と呼ばれている。それを目の前で見て、その日、本当にうれしかったのです」

Nさんは、一冊の本によって、そこまで追い込まれていた。その本がもたらしたことで、Nさんはプログラマーの素養の一部や、生活上の言語機能まで破壊が始まっている。放置することは、もちろんできなかった。そして別の問題も、急速に迫ろうとしていた。

173

●エピソード　一冊の本●

▶ 私が派遣されたもう一つの理由

私は、なぜA社に派遣されたのか。

依頼をしたのは、先に述べたとおりメーカー系システムインテグレーター企業[注1]に勤務する元教え子だった。彼はSさんといい、学生時代に私のソフトウェア会社でインターンシップを経験した。その後Sさんは大学を卒業し、大手ITベンダーに就職。インフラ構築の責任者をしていた。彼が述べた概要はこうだ。

当社が元請の公共事業用システムで、使用しているミドルウェア[注2]が、2ヶ月前からたびたび不具合を起こしている。不具合は低頻度だが、発生したときはユーザー(人)がその都度対応している。

当社よりミドルウェアの製造元「A」に対策を求めたが、未だA社は原因の特定に至っていない。1ヶ月前、当社からAに応援を出したが、解決するどころか、同様の不具合がほかにも見つかるなどして、戦線が拡大している。このままだと、事故(インシデント)になりかねない。一度、山崎先生に診てほしい。

その要請に対して私が「状況はわかりました。ただこういうときの適任者(ハンドラー)は、あなたの会社にたくさんおられるのではありませんか?」と問うと、ここだけの話としたうえで、

「代表者さんは技術屋あがりで、よく勉強もされていますし、私も好きな社長さんの1人です。が、原因不明がこのまま長期化して、もしユーザーがミドルウェアを変えてほしいといい出したら、うちとしては面倒なんですよ」

そう聞いて、これはA社のミドルウェアを見限るかどうか、という話であることを私は理解した。システムの問題なら、時間か人のどちらかを充てれば、いつかは治る。だが人が原因で解決しないのなら、治る保証がない。切るなら

注1　システムインテグレーター：業務システムを企画から運用まで一括して請け負う企業。SIerと呼ばれる。
注2　ミドルウェア：特定の機能に特化して、ほかのソフトウェアにデータを提供する中間ソフトウェア。

174

▶私が派遣されたもう一つの理由

小さい傷のうちにということだ。ただ公共事業で使われるシステムで、ほんの一部であっても別製品に変更することは極めて大きな負担となる。関係する人にもネガティブな評価がつきやすい。何をやってもだ。手柄にはならない。それは元請会社にとどまらない。使用者のみならず、A社は重要顧客を不具合で失う。A社には、過大なネガティブインパクトとなるだろう。最悪、倒産する。

元教え子の話ぶりからは、できるならそうならずに済むシナリオにしたいのだ、という願いのようなものを感じた。そうして私は引き受けた。

▶ 一冊の本が会社を破壊する

A社は専任のテストエンジニアを置いていなかった。アルファ本では、本のとおりにすれば、テスト工数が大幅に削減できると書かれているからだ。実際、A社はそれでうまくやってきた。A社ではテスト計画をプロダクトマネージャーが立て、SEは結合テストまで責任を持ち、全体テストは社長が参加する。

社長は40代・男性。国立大学の理学部に入学後、工学部に転学し卒業。外資系ネットワーク会社に2年勤務した後、在学中に開発したソフトウェアを抱えて、友人とともに現在の会社を創業。朗らかな人柄で関係者には知られているが、私と初対面のときには、かなり憔悴して見えた。

Nさんの業務効率が著しく改善したことで、私に対する社長の信頼は向上している。だが私は、Nさんがなぜ改善したのか、その理由について話していない。いま話すことではないと考えた。そのため社長の認識としては「ペアプログラミング」という方法でNさんの技術が回復したという理解であった。

私はミドルウェアの現状を社長に尋ねた。プロダクトマネージャーが呼ばれ、不具合が生じているミドルウェアの現状と考えられる原因について列挙し、いまは一つずつ原因をつぶしているところだ、と説明してくれた。一つずつ、というのは、関数やメソッドの単位か、それとも原因シナリオの単位かと問うと、「そのいずれもだ」と述べ、不具合にかかわる関数やメソッドに対し、各シナリオを適用して動作を検査しているという。原因が見つからなければ、新たなシナリオを試す。その繰り返しだ。

まもなく3ヶ月になりますね、と私は少し踏み込んだいい方をしたが、「こ

175

●エピソード　一冊の本●

んなことは初めてだ」と社長はため息をついただけだった。原因はわからなくとも、解決すべき問題は明らかだ。A社は人間の多様性に欠いているのだ。シナリオをいくら増やしたところで、ユニット単位のテストで不具合が見つかっていないのなら、視点はそこじゃない。

- ● 物理事象（ハードウェアや入力装置、インターフェースなどデータ流路の検証）
- ● 論理事象（ソフトウェアの設計や複雑さの濃淡）
- ● 環境事象（使用頻度、競合条件）

の以上3つと、その相互作用の確認へ移る局面のように思われた。不具合対策版BPSモデルである。

　当然ながらアルファ本に、そんなことは書かれていない。むしろアルファ本の対極となる「ビジュアルシンカー」が得意とすることであり、加えて全体から部分を見る視点を持つ「同時処理タイプ」が粘り強く思考をあきらめない、という条件で完遂できるミッションだ。そして、A社には少なくとも1人、その適任がいる。そうでなければ一冊の本が、この会社まで破壊し葬ることになる。

▶ X年11月上旬

「たぶんみつけました」

　Nさんから連絡を受けたのは、「山崎先生がやれっていうならしかたないです」と、彼の表現としては前向きな返事をしてくれてから、わずか4日目のことだった。4人のSEが3ヶ月間、よってたかって見つからなかった約21,000行。Nさんは4日目で原因箇所を特定した。

　「これC/C++に慣れている人は当然なんですけど」と前置きして、発見に至るまでの経緯を説明してくれた。ここでその詳細は説明しないが、原因は複数あった。

- メモリ管理
- データの質

の複合だった。Nさんの読みは、

- 現時点まで既存の方法ではすべて洗い出しに失敗している
- どうやっても再現できないなら引き金はデータだ
- データを得たその場でトラップできないということは、データ流路だ。クラスの最下層から上がってくるとき、その過程でエラーがもみ消されているのではないか
- もみ消される事態とはどういうことか

と立体的かつ動的なイメージを使って絞り込んでいった。

　Nさんは3日かけて実行時のすべてのオブジェクトのツリーを可視化し階層数を記録する専用ツールを作成した。完成した4日目に実行してみると数か所、実行時に特定のデータのときだけ不正にネスト（入れ子）しているオブジェクトをNさんは発見した。明らかにバグだったが、途中でトラップされて表面化していなかった。まさにNさんが読んでいたとおりだった。その報告をデバッグチームのSEに渡したら「これだ！」となった。

　私は一週間前、A社・社長に「Nさんのリハビリを兼ねてテストを経験させてはどうか」とお願いし快諾を得ていた。こういったときは、なるべく小さな表現を重ねていくのが、うまくいく。そして「どうせするなら、いま問題になっているミドルウェアを教材に使わせてほしい」とプロジェクトファイルを借りてきていた。そしてNさんの前で、メモ用紙にこう書いた。

「この会社でただ1人、Nさんだけができること」
- Nさんは、言葉やプログラムを立体的に考えることができます

●エピソード　一冊の本●

「Nさんが得意なこと」

- 起きていることに対してちょっと離れたところから見るのが得意です
- 大きなものから一部だけを拡大して見るのが得意です
- 順序にとらわれず、あらゆる要因をつなぐことが得意です

これをNさんに渡すとき

「Nさんはね。他者がなんといおうが、自分の声を聞き取れるところがね、あなたのいいところだと思いますよ」

といい添えると、「それもここに足してくれませんか？」というので下に小さく書き加えた。

　Nさんが「山崎先生は手伝ってくれないんですか？」と笑うので「若い人にちょっと説教臭い話をしちゃいますが」として私の考えを話した。

「誰かに頼るというのは自分の自由を失うことと同義なんです。自由がまったくない人は苦悩しません。自由な部分で悩むのですよ。間違えないでほしいのは、自由と選択をとりちがえてはいけないということ。選択で悩むのではなく、**自由の中から選択を作り出す**ことに時間を使ってほしいのです」

　Nさんは「なんとなく、わかりました……けど」と、頭をかいていた。吉報はその4日後に届く結果となった。

▶ 最終日（Xi年1月中旬）

　私の考える「支援」とは、支援がいらない状態を目指すことである。いつまでも手離れしないなら、それは相手がこちらに依存した状態ということであり、それは支援たりえない。もちろん相手の信頼を得なければ支援は立ち行かない。だが、頼られすぎてはいけない。難しいさじ加減。支援する側に必要な資質の一つである。

▶最終日（Xi年1月中旬）

　A社のミドルウェアに発生していた不具合はどうにか解決した。上位の元請企業は、それまでにA社に派遣した人員の人件費を請求。社長は何か納得できないなといいながら、しぶしぶ支払った。解決したのは、うちのNじゃないかと社長はこぼしていた。

　Nさんは、プログラマーを兼任しつつも今回の手柄によって「テスター」の肩書きを得た。結合テストだけでなく機能テストまでチェックできるよう、勉強中だ。来月から、元請会社の本社研修センターに通うことになっている。

　「会議室、丸一日予約しといたから」「あとお弁当もとっといてあげたから！」と社長が気を使ってくれたので、最終日、Nさんと一緒に会議室でお昼ご飯をいただいた。

　Nさんが「おれは、やっぱりほかのみんなと違うんですか？」と私に尋ねた。私はNさんの不調の原因を、Nさんには伝えていない。その必要もないと考えた。だがNさんにとってみれば、私からの、こうしてみては・ああしてみては、というアドバイスが、ひとつひとつ自分をラクにしていくことを肌で感じていたことだろう。私が

「違ってますよ。ただほかの方も、それぞれ違いますからね。同じ人はいませんよ」

そう答えると「そうじゃないんですよ、そういうことじゃないんですよぉ」とくねくねしながら「先生はおれの何が違うか詳しく知ってますよね？　それはどんなことなのかってことなんです」と私の目をのぞきこんできた。

　最近のNさんは、私の前ではおれというようになった。それだけでなく、話の中に1人称が増えていた。私・おれ・自分。本来のNさんは、こうして自主的に話し、自主的に考え、自主的に外の世界を見ていこうとする人である。そのことが、この数ヶ月の話し方の変化でも見て取れた。いや変化というより本来のNさんへの回復であろう。Nさんは続けた。

「いや、笑ってないで、先生、マジで聞いてるんですよ。先生いなくなっちゃうじゃないですか」

179

●エピソード　一冊の本●

私は「うーん」とうなった。

「それ難しいなぁ。心理といえば心理。精神医学といえばそうともいえる。
だけど、ちゃんといおうとすると、たぶん名前ついてないんですよね。強い
ていえば……ニンゲンの部分？ うまくいえないなー」
「えー、えーー、ずるいなー先生」

それまでもNさんとの回復を兼ねたメールのやりとりはほぼ毎日行われ、私
からは「（10月なのに）蒸し風呂のように暑かったですね」「工場の機械のよう
な正確さでしたね」といった、映像が浮かびやすい「比喩表現」を含めるよう
にしていた。Nさんがラクに使える表現を取り戻す助けになるのではと考えた
からだ。
　さらにつっこんだ方法もあるのだろうが、言語領域は専門家以外が手を出さ
ないほうがいいことがたくさんある。私にはこの程度が精一杯だった。それで
もNさんはよく反応し、本来のらしさを取り戻しつつあることを日々感じられた。
そして今日のように、表情豊かに、自分の気持ちを開いて話すようになった。

「そうね。Nさんは、いま自分だけ違うっておっしゃったでしょう。仮にそ
うだとして、何もかも違うわけじゃない。じゃあ、Nさん、他人と自分が違
わないこと知りたいですか？ それを知ってどんな価値があります？ 嫌いな
人と同じかもしれませんよ？」
「……怖いこといいますね、先生」
「そうでしょう？ もちろん他人と同じだと便利なことも多いですよ。なんせ
考えなくていい。考えずにいろんなものが使えますから。だけど違うことも
有用ですよ。もちろん残酷な違いだってあります。違いに直面して立ち直れ
ないことだってありますよ。多様性って容赦ないんです。だけど、自分の力
で違いを知ってどう思ったか。そしてどうしたかったか。その記憶って、と
きにその人の一生を支える大ヒントになることがあるんです。専門家に答え
を聞いちゃうと、そうしたさまよいのチャンスが失われるんです。それより
も自分の違和感……違和を感じるその感性を研ぎ澄ましていったほうが、ずっ

▶最終日（Xi年1月中旬）

とその人が両足で立てる経験をするんですよ。自分の突出した部分やへこんだ部分を他者に教えてもらうことも大切ですけど、自分で気づくことのほうが効くことが多いんです。それがたとえ、傷を負ったときだったとしてもです。」

Ｎさんは、少しして相づちを打った。

「……おれ、大学で一回留年してるじゃないですか。そのときと同じ気持ちになったんですよね、昨年の夏頃に。だけど先生来てくれて、おれに五か条のメモくれたじゃないですか。それ読んでて、このメモ、大学のときに持ってたら全然違ってたんじゃないかって思ったんですよ。」

過去に戻れたら、こうしたい。その心象風景を「選ばなかった人生」という人もいる。過去のエピソードが「糧（かて）」になる・あるいはなりかけているときに、このような考えを人は持つ、という心理学者もいる。その理屈でいけばトラウマ（心的外傷）は、なんでも糧にしようとする人の心理が起こした無限ループなのかもしれない。

Ｎさんにとって大学での留年は、それまでの順風満帆な学歴からしても、本来なら思い返したくない挫折であったはずだ。それがプログラミングとの出会いによって救われ、社会で再起が始まった矢先に、それをくじく再度の挫折が迫ろうとしたこと。そして過去の挫折まで思い出されながらも、それらに１人で懸命に耐えようとしたこと。まだ20代前半。そのこころを思うと、それを何かの言葉でくくるのは、私の矜持が耐えかねた。

私は結局、Ｎさんの不調の原因をＡ社には伝えなかった。それを伝えることは、Ａ社の指針にケチをつけることになるし、そのようにして得られるメリットもなかった。事実、今回の問題を除けば、Ａ社はそれでうまくやってきていたからだ。アルファ本のとおりで。仮に言語性思考・非言語性思考の説明をし、多様性のある組織改革を目指したとしよう。そうして生じる両者両極の心理的衝突ひいては軋轢に私は責任をとれるのか。そういったマネジメントの積み重ねがない組織の上部構造に、それを防ぐための適切な指導ができるのか。

「支援」とは、支援がいらない状態を目指すことである。支援者にできるのは、

ベストとはいえなくとも、当事者の自立がかなえられたところまでだ。Ｎさんも、Ａ社が理想的環境とはいえないが、置かれた中で自身のこころの外殻を構築しつつある。彼がそう呼ぶメモ書きの「五か条」も、彼の一部として彼なりに取り込まれていくのだろう。

　ふと、Ｎさんが

「昨日、あのメモ見ていたら、うしろの席のＢさんにそれ見られたんですよね。そしたら自分もちょっとそうかもっていったんですよ。あれコピーして他者に渡していいんですかね？」

というので、「自分に合っている部分があるなら誰でも使っていいのですよ」と述べた。

「そうなんですね。Ｂさんは一番気が合うんですよ。先週も飲みに行ってました」

とＮさんはいった。
　この最終日の記録を、私はこう締めている。「つまるところ、私は誰かのまなざしを見、そのまなざしが見つめていたところまで、共に歩む存在である」
　こうして、私はＡ社支援を終えた。

　Ａ社は、その後金融系ソフトウェアベンダーに吸収合併された。社員の半数が存続会社で働いている。Ａ社の社長は、合併先の取締役を務めた後、飲食店チェーンを運営している。
　Ｎさんは、大手通信事業会社に転職した後、法務を担当。弁理士を目指している。

　※本章は秘密保持のため、一部事実を改変・話し言葉に脚色をしている。

第7章 プログラマーへの道

●第7章　プログラマーへの道●

▶ 立ちはだかる壁

　いくつかの例題をこなし、文法や基礎関数が習得できると、自ら課題を設定して、小さなオリジナルのプログラムを作る段階に入ります。プログラマーのようにプログラミングがしたい。どうすれば、そうなれるのでしょうか。

▶ 小さなプログラムすら完成しない

Q. プログラムが完成しません。書籍や SNS では目標を小さく区切って書くようにいわれていますが、小さなプログラムですら完成しないのです。

A. 自分で作るプログラムに完成はないので大丈夫。

　プログラムの品質は「とりあえず動く」「ほぼ動く」「いまのところ動く」の3つです。あなたはプログラミングの最初の一手から「作り上げよう」としていませんか？ プログラマーにできるのは、一手一手、目標とする動きに「近づこうとする」ことです。

▌プログラム品質の3つのステージ

　プログラムは、「ルーチン」「関数」「オブジェクト」「アプリケーション」どの単位であれ、その品質は「とりあえず動く」「ほぼ動く」「いまのところ動く」の3つしかない……筆者はそのように想定しています。

● **とりあえず動く（プロトタイプ）**
　最低限の機能を果たすレベル。コードは動作するが、バグやエラー、パフォーマンスは考慮されていない。テストも十分に行われていないため、信頼性が低い。

● **ほぼ動く（ベータ版）**
　基本的な機能はほぼ正確に動作し、主要なバグは修正されている。パフォーマンスもそこそこ良く、ある程度の信頼性がある。ただし、最適化や細部の調整は不十分。

● **いまのところ動く（リリース版）**

最高に磨き上げられたレベル。定められた条件であれば、すべての機能が正確に動作し、バグやエラーはほとんどない。パフォーマンスも最適化されており、信頼性が非常に高い。

なぜ最高の段階が完成ではなく「いまのところ動く」なのか

作った時点で完ぺきに動作するプログラムであっても、それが永遠に完ぺきであり続けるわけではありません。せっかく作ったプログラムなのに、OSのアップデートで動作しなくなることがあります。PCを変更したら動かなくなるなんてこともしょっちゅうです。使っていた標準関数が、プログラミング言語の新しいバージョンでは廃止された……なんてこともあります。また求められる品質が社会環境の変化で変わってしまうことや、ユーザーフィードバックによる仕様変更、あるいは競争相手が追いつき・追い越してしまい、さらなる改善や新機能の追加が必要になることもあります。

確実な動作に向けて、プログラム自体にある程度の適応性をつけることは可能ですが、人が手を入れない限り、それもいつかは限界を迎えます。どれだけ品質をつきつめようとも、プログラムは「いまのところ動く」状態に留まります。

近づいたことが大切

初学者のプログラミングは「とりあえず動く」を目指すことから始めます。学ぶために書くコードですから、書いては変えを繰り返し、終盤では原形を留めないぐらいが理想です。目標のコードを最初から書けることではなく、書きながら目標とする動きに近づいていくことを評価の基準にします。

小さなプログラムで行き詰まるのは、主に次が原因です。

① 自力対応が不能なエラーで詰む

エラーを出せるところまで進めただけでも上出来です。エラーが出ない時点まで手戻りし、再びエラーを出すところまで進みましょう。再現するなら、必ず対応が可能です。エラーメッセージを読んでもどうしてもわからなければ、自身のソースコードの問題点をAIに尋ねることも手段の一つです。ただ、プログラミングを

●第7章　プログラマーへの道●

学んでいる段階では、可能な限り「別のコーディング方法」を模索し、大きく回り道してでも「近づこう」とするしぶとさも意識してください。回り道が自分を育てます。

②**完ぺき主義で詰む**

細部にいちいちこだわって、先に進まず、モチベーションが尽きることもあります。自身の満足にいくらこだわってもプログラムに完成はありません。目標とする動きに「近づこうとする」ことを優先してください。いまは「とりあえず動く」ことを求める段階であり、正確な動作はその次の「ほぼ動く」、さらに堅牢な動作や細部のディテールは「いまのところ動く」を詰める段階で行いましょう。

③**思ったより複雑化して迷走し詰む**

経験がほぼ皆無の初学者は、目標に対して設計や計画ができません。むしろそれを学ぶための現段階です。複雑化し、迷走が始まることはよくあります。そのときはいったん中断し、机上演習に移ります。ペンと紙を使って、机上で処理するべき単位を分割するのです。これはベテランのプログラマーほど躊躇なく行います。不思議なもので、それだけのことで視点が変わります。紙に書くということで、バーバルシンカーはビジュアルの視点、ビジュアルシンカーはバーバルの視点に立ち位置を移せるというのもあるのでしょう。そうして分けられた処理単位のうち、最小のものを作るところから新規に行います。それによって確実に目標とする動きに近づくことができます。

プログラマーの品質も「いまのところ」

すべての機能を正確に実装できる・最高に磨き上げられたレベルのプログラマーであっても、1年も休めば、従来の水準に戻るまで数ヶ月はかかるのが普通です。たとえ現役であっても油断なりません。特定の現場に3年いたら、終わって出てきたときには世の中が様変わりして、追いつくのに苦労したなんて話はよくあります。

つまり最高のプログラマーであっても「いまのところ」です。

であるからこそ、人材が流動的で異動と求人が常に生じ、ベテランに対して

186

新人が下剋上的に食い込むことが可能な職種でもあります。

　技術の進化や新しいツールが次々と登場し、プログラマー自身も常に陳腐化し淘汰されてゆくエコシステムに翻弄されることもあります。そのとき、自身の助けとなる一つは、初学者のときに経験する極めてシンプルな**目標に近づこうとする**経験です。この時期を短く終わらせるよりも、可能な限り濃密に深く記憶にとどめおいてほしいものです。

▶ いま一つ楽しくない

> **Q.** 文法がわかり、基礎関数も使えるようになりました。まったくの初心者ではないと思います。ただ、なんというかプログラミングのおもしろさというのがピンときません。勉強を続けていればおもしろくなるのでしょうか。それであれば続けてもいいのですが。
>
> **A.** 自信がついたところまでで、十分です。やめてもかまいません。

　もしあなたがプログラミングを勉強していて、楽しさやおもしろさを感じなかったのだとしたら、それはおそらく労働になってしまっています。それでも、ここまでプログラミング学習を行えたのなら、その努力はすばらしいことです。

　発達や知能の観点でいえば、勉強は遊びの一つです。動物の子供を見れば明らかです。動物の子供は手足を使った「一人遊び」に始まり、ほかの子供とともに「協力遊び」、群れ動物であれば、同世代と連携する「群れ遊び」へと移行します。そうして知識のすり合わせや並列化、作業分担の方法を学びます。

　勉強は、遊びにおける学びを利用して行います。教育は、それを一歩進め、労働と遊びの中間に学習を取り入れたものです。もし勉強が完全に労働になると、この先高度になるプログラミング学習でつまずくおそれがあります。言語の学習は「ヒトの本能」を多く使うので、自分をだますのが難しいのです。

　勉強で自身の遊びの部分を使えてなければ非常に厳しい局面を迎えるかもし

れません。自信を失うところまで続けるよりも、自信が持てるところを確かめられた時点で、いったん休止するのも選択の一つです。特に独学においては、どんな勉強ですらも、純粋に遊びたりえるのが独学の最大のアドバンテージです。せっかくの遊びを労働に変えてしまっては、独学の不利な部分だけが際立ちます。学習の中に遊びが見えなくなった時点で、その学習はあなたにとって転換期にあります。

プログラミングのどこが遊びなのか

学習に遊びの気持ちを持てていれば、勉強にも、遊びによって得られる刺激が備わります。「知的充足感」「できることの自己肯定感」「新たな視点の自覚」「成長による達成感」。これらはあらゆる学習ジャンルに共通する遊びの刺激です。ならばプログラミングに特有する「遊び」にはどんなものがあるのでしょうか。

① アイテムを組み合わせて道具を作ること

コンピューターRPGのように、異なるアイテムを組み合わせて武器や防具を作っていく要素がプログラミングにはあります。「○○と××があれば新しい道具ができる」という組み合わせに興奮できるのは、私たちが道具を発明してきた種族の末裔だからです。積み木遊びは1歳前後から、ブロック玩具は1歳半から与えられ、個人差はあれども興味を持ちます。すでにその頃から道具作りが遊びになっています。

② 道具によって問題解決すること

作った道具で別の何かを解決するのは、2〜3歳から7歳までの「ごっこ遊び」や「砂場遊び」でも見られます。コンピューターゲームでも、道具を作って問題解決をする要素はよく用いられます。プログラミングでは、少し大きな規模になると、構造化で「道具」「道具のための道具」を作る局面が頻繁に生じます。

③ 完成時の達成感があること

プログラムはパズルの要素があり「組むパズル」と「解くパズル」が同居しています。完成が近づくと、残りに必要なパーツが可視化され「組むパズル」の様子が見え始めます。またバグの修正では「解くパズル」の様相となります。いずれも自身の正しさに対する達成感を提供します。

④ 課題が途切れないこと

▶いま一つ楽しくない

プログラムには常に新しい技術や手法が登場します。関心を持ち続ける限り、常に手なおしや改善の動機に欠くことはありません。コンピューターゲームでいえば「コンプリート」や「キャラクター強化」のようなやり込み要素があり、飽きることはありません。

これらのプログラミングにおける「遊びの要素」は初学者の時点から取り入れることができるものです。ただ、遊びの本質を突いた教科書・参考書は非常に少ないのが実情です。教育を労働と誤認している著者もいて、中には100％労働成分でできている教科書すらあります。

学習カリキュラムが、プログラミング言語の進化の歴史に沿っていれば、「前項の道具（関数）を使って本項を学ぶ」という遊びの構造が自然に成立します。従前の道具だけでできなかったことを、次の項で道具を作り解決するという遊び方もできるでしょう。

こうした遊びの概念を取り入れるのは、学校教育の研究において盛んです。が、未だ先輩が後輩に伝える「伝承」の色合いが濃いプログラミングでは、カリキュラムや教科書も労働的伝承になっているものが多くあります。「やさしい」「わかりやすい」とポップな外観をしていても、中身は労働になっている……そのようなカリキュラムを真に受けてしまうと、自分のほうがダメだという意識につながり、やがてつまらない、自分には合っていないのではないか、そう思ってしまうこともあります。

ただ、カリキュラムの上に遊びのポイントがないからといって、やめる口実にするのはいささかもったいないことです。そういうときは、自分で遊びを作ります。自分からカリキュラムを外れ、その時点でわかっていることを材料に、自分でプログラムを作り始めることはできるのです。「習ってないからしない」ではなく、習ってないことを積極的に試していきます。遊びの要素を取り入れ、プログラミングの楽しさを見つけることができれば、学び続けるエネルギーにもなるでしょう。

▌レディネスの点検

学習に対して「つまらない」という気持ちが湧いているとき、もう一つ確か

めたいのがレディネスです。この段階のプログラミング学習における最重要レディネスは「ソフトウェア」を**知っている**ことです。いま自分が、ソフトウェアのどの部分を作っているのかわからなければ、初学者といえども、その学習はつらくなるでしょう。誰だって、どの段階でだって、いま学んでいるものが、何の役に立つのか知っておきたいものです。

「ソフトウェアぐらい知ってるぞ！」

そういう方であっても、ぜひ、デベロッパー向けのインターフェースガイドラインをチラ見でもいいので読んでおくことをお勧めします。

◉「ユーザーインターフェースガイドライン」◉

● Appleヒューマンインターフェイスガイドライン

https://developer.apple.com/jp/design/

● Microsoft Visual Studioユーザー エクスペリエンス ガイドライン

https://learn.microsoft.com/ja-jp/visualstudio/extensibility/ux-guidelines/visual-studio-user-experience-guidelines

● Googleマテリアルデザイン

https://m3.material.io/

自分がこれからどんなものを作っていくのか、自分の目で確かめておきましょう。キャリアのため、スキル向上のために始めた人、表計算やWebしか使わないけどマクロやスクリプトを使えるようになりたい……そうした動機で、ソフトウェアを一部しか知らないケースは数多くあります。プログラミング学習がつまらないと感じたら、ガイドラインを見て、どの目標に向かっているか、自身のレディネスを点検してください。具体的な目標像が描けるかもしれません。

▶ 適切な学習時間がわからない

> Q. 始めてしまえばノッてくるのですが、始めるまでに時間がかかります。飽きてきたのでしょうか。
>
> A. 学習時間が長すぎるのではないでしょうか。ベテランで25分・初学者なら長くて15分が1回のプログラミング（学習）の好適時間です。

将棋でも「長考に好手なし」といわれますが、知的作業で一般教科のような時間を取るべきではありません。

怖いことに、人は何にでも慣れようとします。長い勉強時間であっても脳が慣れてしまおうとします。ただしそれは時間に慣れようとしているのであって、情報をさばけてるかや、身につけているかは別です。効いていないトレーニングでも最初の頃は自己満足感があるかもしれません。ですが脳は正直なモノで、学習効果（学習曲線）が平坦になってくると、飽きるようにできています。つまりもし飽きてきたのなら、性格や精神力の問題ではなく、体が「ムダだよ」と警告を始めているのかもしれません

15分ルール・ストップロスの習慣

課題は初学者なら15分で解ける（完了する）範囲に短く切ります。もちろん

●第7章 プログラマーへの道●

これには理由があります。その一つはヒトの集中力が約15分で切れるからです。これは人の集中力を計測する「クレペリン検査」でも明らかで、同時にこの長さであれば個人差も目立ちにくいからです。

ただ、さらに重要な理由があります。初学者の段階で「ストップロス」の習慣をつけておかねばならないのです。そうしないと、将来的にプログラミングの世界からの離脱につながるからです。

ストップロスとは「損切ライン」のことです。学校のテストの課題であれば、時間中に必ず解ける出題がなされます。しかし参考書のプログラミングの課題には、解く時間を考慮していない出題があります。解ける時間に切るのは、読者の役目です。時間の切り方が悪く、もし課題の途中で脳が集中切れすると、思考のやりなおしが生じます。実務でも「そもそも解けない課題」がよく出てきます。解けないときは、そこそこで見切りをつけて、アプローチを変えなければなりません。そのときも、最初からやりなおしです。

いずれも、それまでの思考の大部分がムダになりますが、それでもこの損切りはしなければなりません。それまでの方法でしがみついても解けない課題なのですから。このムダの大きさを最小限にすることがプログラミングにおける重要なスキルになってきます。それがストップロスの習慣です。文法やアルゴリズムの習得だけでなく、知識を効率的かつ効果的に「成果物」につなげる習慣を身につけることも初学者の段階で重要です。

ベテランプログラマーに学ぶ局所的な時間管理

最初はタイマーなどを使って、自分の15分の感覚を掴んでください。課題はその15分で解ける（完了する）範囲に切っておきます。個人差はありますが、低下した集中力は5〜10分の休憩で、ある程度回復します。課題＋休憩で20分を1セットとし、1日1〜2セットから始めるのが独習における目安です。少し足りないと感じたなら、参考書を読み込むかアンプラグドプログラミング（机上演習）などで、思考ステージを変えて学習すれば疲労が残りにくくなるでしょう。

プログラミングはトライアンドエラーの局面も多く、長考よりも手数が成果につながりやすいものです。ストップロスは無用な深掘りの歯止めになります。

192

優秀なベテランプログラマーだと、作業 (課題) の切り方が上手で、本作業は15分のまま調査・観察に10分かけ、計25分を一つの作業単位にしている人もいます。調査や観察に時間をかけることで「本当にこのやり方でいいのか」や「作業手順の見立て」を検討し、本作業の15分を確実に遂行して手戻りを起こしにくいということでしょう。

　一方、時間配分を作らず、ノリにまかせて無制限な思考時間をとると、集中できていないときにも「仕事をやった感」が生じやすくなります。つまり時間をかけた割には、たいして進まない状況になります。成果は出ず、(自己) 評価も下がり、疲労やストレスが上昇します。いいことはありません。

　これは学習段階でも同じで、おもしろくなってくると過集中を起こすことがあります。疲労をアドレナリンで飛ばしている状態です。ノリがいいからと、連続で何十分も集中負荷をかければ、その疲労が脳に蓄積されます。やがて人の脳は、疲労するタスクを避けるように指令し、モチベーションを下げてきます。そのことをうまく自覚できればいいのですが、ある日、まとめてやってくることもあります。急に何もかもにやる気が起きなくなる。そこからのプログラミングは、とてもつらいものになってしまうでしょう。

　学習の最初のほうでストップロスの習慣をつけることで、学習からの離脱を防げ、将来につながる優れたプログラミング (作業) 能力を身につけましょう。

◆　◆

▶ 向いていない気がする

Q. Webサービスを作りたくて、プログラミング言語の本を買いました。何ページかやってみたのですが、なかなか思ったようにプログラムが動きません。イライラして投げ出しては、しばらくしてやりなおしたりします。こういう世界が自分に合っていない・向いてないんじゃないかと思っています。

A. 投げ出しても、思いなおして、もう一回やりなおすってすごいことです。その点だけでも、プログラマーに大切な資質を持っているといえます。

●第7章　プログラマーへの道●

　始めたばかりのプログラムの出来・不出来で、その人の向き不向きを測ることはできません。プログラミングにはいろんな能力を使います。代表的なものとして、

- 問題解決能力
- 論理的推論能力
- アルゴリズム化能力
- 言語能力

が、プログラミング学習に関連していると、研究者らによって示唆されています。ただ、これらの能力があらかじめ必要とは限りません。プログラミング学習そのものによって、これらの能力が後から身につく可能性があるからです。

プログラミングに必要な性格は後付けできる

　実際、児童向けのプログラミング教室をしていると、学習の進度とともに、プログラミング以外の局面、たとえば、

① 自分を表現するために、いまの自分の気持ちと一致する言葉を、忍耐強く探そうとする
② 空想気味だった児童が、家族や友達の様子を詳細に話すようになった
③ ロボットが意図しない動作をしたときに、当初は手で向きなおしたり、叩いたりなど「手を出して結果をすぐに求めていた」児童が、学習を進めるうちに、むしろ物理的な体の動作が減り、圧倒的に「なぜなのか」と思考する時間のほうが長くなった

など、性格検査や知能検査ではキャッチできなさそうなコミュニケーション能力の向上がしばしば見られます。これが1年・2年の単位で出てきたというなら別の要因も考えられますが、数回から数週間という短いスパンで見受けられるので「プログラミング教育との相関がある」と感じられるわけです。昔の言葉なら「情操面の変化」と表現するでしょう。自分が命令したとおりに動作す

194

▶向いていない気がする

るロボットやプログラムには、おそらく箱庭療法^{注1}のようなセラピーの機能があります。単純な命令の組み合わせは、言語が成立するか・しないかの頃の人間関係を体験するからです。

こうした原初の体験が、プログラミングというミニチュア世界によって与えられ、プログラミングに必要な性格が、プログラミングそのものによって後付けされる面もあるのではないかと筆者は考えます。

プログラミングに必要なのは能力か・経験か

世界中でこれだけプログラミング教育が行われていますが、具体的な知能との相関について公開されている研究は少数です。これは生徒の「初期の能力」について先生が「困っていない」、つまりプログラミングを学ばせるにあたり、知能のほかに大切なものがある、と世界中の教育者が感じているからではないでしょうか。もしそうなら筆者も同意見です。教室において、プログラミング学習で生徒に必要なのは「知的好奇心」です。これさえあれば、どうにでもできますし、これがなければ、どうにもならないからです。

ただ「特定の能力があるとプログラミング学習がよく進むよ」という「予測因子」は存在するかもしれない、という研究はあります。カリフォルニア大学のノリーン・M・ウェッブは、1985年・11歳から14歳までのBASIC言語の生徒55人に行った実験で、生徒の「言語能力」が有力な予測因子になるとし、非言語的推論と空間能力が補強される予測因子になるとしました[1]。アイリーン・L・グラーフスマらがマッコーリー大学 (オーストラリア) で「プログラミング入門」コースの学生344人を対象に2019年に行った実験調査では、学生の論理的推論能力が信頼できる予測因子であり、代数・語彙 (アルゴリズム化能力と言語能力) が長期間の学習で成功する予測因子になるとしています[2]。いずれの研究結果も、学習を補強する因子であり、劇的に有利という結果ではありません。

現状と研究を併せると、

注1　箱庭療法 : 約70cm×約50cm・深さ7cmの箱と、砂・ミニチュアを使って、自由に表現することで、人の内的世界を探る心理療法。言語を必要としないでコミュニケーションが成立することから、言語成立以前の人間関係を体験するとされる。
氏原寛ほか. 心理臨床大事典, 培風館, 1992. p.375-376

●第7章　プログラマーへの道●

「プログラミングに多少の有利な因子はあるかもしれないが」

「生まれついた能力よりも、後から学習で得た知識や経験・成功体験のほうが」

「プログラミング能力の全体に影響しやすい」

というのが、現時点でわかっていることかもしれません。

　プログラミングの学習に向き・不向きはたいした問題ではなく、知的好奇心がありさえすれば、プログラミングに必要な性格も能力も、経験とともに後付けできる可能性が考えられます。

●参考文献●

1)　Noreen M. Webb（1985）Cognitive Requirements of Learning Computer Programming in Group and individual Settings , AEDS Journal Volume 18, 1985 - Issue 3

2)　Irene L. Graafsma (2023) **The cognition of programming: logical reasoning, algebra and vocabulary skills predict programming performance following an introductory computing course, Journal of Cognitive Psychology, Volume 35, 2023 - Issue 3**

第8章

構造化とオブジェクト指向、そして問題解決

●第8章　構造化とオブジェクト指向、そして問題解決●

▶ オブジェクトが難しいのではなかった・人を見ていなかったのだ

　オブジェクト指向（英：Object-Oriented Programming、OOP）はプログラミング学習の中でも難関の一つです。あらゆる専門家が、オブジェクトの説明に挑戦してきましたが、かんばしくありません。その理由の一つは、バーバルシンカーとビジュアルシンカーでとらえ方が異なること。教える人と受け取る人の相性が悪ければ、まず理解できません。

　それだけではありません。

　オブジェクトは、単体で学ぶことができません。「構造化」や「問題解決」とともに学ぶ必要のある概念なのです。構造化、オブジェクト、問題解決の3つの概念は、相互に密接に関連しており、それぞれを完全に独立して学ぶことは困難です。

　そこで本章では、様々な認知特性（バーバルシンカー／ビジュアルシンカー／直感タイプ／確かめるタイプ）のいずれにも対応し、広い範囲の人に対して理解につながる構成と順番で解説します。たくさんの・いろんな人がおられますから、完ぺきではないかもしれませんが、できる限りレディネスと認知に配慮した「おしえかた」をしています。

　なおこの章の読者は手続き型プログラミングと、基礎的な関数が使えることを前提としています。

▶ 構造化

　プログラミングで構造化を使うのは、主に3つです。

● リファクタリング
　プログラム全体の機能はそのままに、コードの整理をします。既存のプログラムを、ソースコードの視点で構造化します。保守性や可読性を上げるのが目的ですが、その動機はバグの修正や拡張性の向上もあります。

● ソフトウェア設計

ソフトウェアでしたいことを「要求定義」、そのソフトウェアに必要なこと・することを「要件定義」といいます。その作業で構造化を使います。

● 文書化

プログラムの構造を文書化する際に、構造化を使います。これについては本書では詳述を省略します。

▶ リファクタリング

単一責任の原則でまとめること

ソフトウェアは1つの問題を解決するための道具です。

「え？ ワードプロセッサは、文の編集も保存も印刷もできるよ？ 1つじゃないでしょう？」

はい、そうですね。確かにそうなのですが、ワードプロセッサは「文書を作成する」というたった1つの目的を解決するための道具です。文書を作成する目的の中に、編集・保存・印刷といった課題があり、それぞれを解決する道具を割り当てています。どんな道具も、それを使って解決する課題や問題、すなわち「目的」が1つにいい表せることが重要です。そして、その1つの目的に対して、道具は責任を持たなければなりません。これを **単一責任の原則（Single Responsibility Principle）** といいます。ワードプロセッサなら、文書を作成する道具として責任を持ちます。

たとえば市役所にコンサートホール、カフェ、駐車場といった多様な機能を持たせている場合、それは単一責任の原則に反していることになります。

「なぜ？ 便利じゃないか」

確かにそうです。多様な機能は、そのままでかまいません。しかし、市役所の目的には合致しませんから、それぞれの成果を最大化できないおそれがあります。人によって作られる物や組織は、目的に従って設計し、規定され、1つの目的に集中することで大きな成果を上げます。[注1]

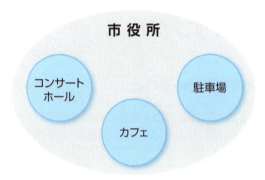

単一責任の原則では、建物の中に、市役所、コンサートホール、カフェ、駐車場があるべきと考え、市役所に市役所以外の機能を持たせません。日本の地方公共団体も、地方自治法に基づき、指定管理者に建物や付属施設の管理運営を委託することがあります。そのようにしてそれぞれの専門性を上げ、品質や組織を強化します。

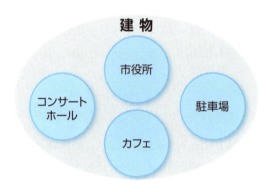

注1　P.F. ドラッカー 著 . プロフェッショナルの条件 , ダイヤモンド社 , 2000, p.40

▶オブジェクトが難しいのではなかった・人を見ていなかったのだ

　別の例をあげれば「表計算ソフト」を「文書の作成」の目的で使ってしまうのも、単一責任の意図にかなっていません。表計算ソフトは表計算（データの整理と計算）という1つの目的のための道具です。ワードプロセッサと比較すると、レイアウトの柔軟性やテキストの可読性に劣ります。非常の目的ならいたしかたないこともありますが、表計算ソフトは表計算のために使うのが本則です。[注2]

プログラムの単一責任の原則

　自分でプログラムを作り、アプリケーションまで鍛え上げるときも、単一責任の原則が役に立ちます。プログラムを構成する部品のひとつひとつは、単一の目的で作られていることが理想です。具体的にはどうするのでしょうか。

　次に示す関数initialize_positionは、「座標をリセットして結果を表示せよ」という課題に対して、初学者にありがちな処理です。

Python：

```python
x = 10
y = 20

def initialize_position():
    global x, y
    x = 0
    y = 0
    print("Initial position: x =", x, ", y =", y)
```

PHP：

```php
function initialize_position(&$x, &$y) {
    $x = 0;
    $y = 0;
    echo "Initialized position: x = $x, y = $y\n";
}
```

　この関数の問題点は、1つの関数に2つの目的

注2　これはイレギュラーな使い方を非難するものではありません。文書作成ソフトウェアの中に表計算ライクモードを実装するなど、ユーザーの需要抽出にも単一責任の原則は応用できるということです。

201

●第8章　構造化とオブジェクト指向、そして問題解決●

- ●座標のリセット
- ●結果の表示

を混在させていることです。

「え？　いけないの？」

と思うかもしれません。絶対にいけないというわけではありません。この書き方でもエラーは出ません。ただ、1つの道具を異なる目的で多機能化すると、専門性が下がり品質が伸びにくくなります。

　製作過程で一時的に2つの目的が、1つの関数に入ることはあります。なにも書き始めから単一責任の原則でコーディングしなくてかまいません。ですが、最終的には1つの関数を1つの目的に専念させるようこころがけます。

┃リファクタリング

　リファクタリングとは、既存のコードの動作を変えずに、その内部構造を改善することです。複数の責任を持つクラスや関数を見つけ出し、それらを分割することで、単一責任の原則に従うコードに改善できます。

　前項のコードは次のようにリファクタリングすることができます。

Python：

```python
x = 10
y = 20

def initialize_position():
    global x, y
    x = 0
    y = 0

def display_position():
    print("Position: x =", x, ", y =", y)

initialize_position()
display_position()
```

PHP：

```php
function initialize_position(&$x, &$y) {
    $x = 0;
    $y = 0;
}

function display_position($x, $y) {
    echo "Position: x = $x, y = $y\n";
}

$x = 10;
$y = 20;
initialize_position($x, $y);
display_position($x, $y);
# PHP は参照（リファレンス）渡しができるので、ここではグローバル変数を使いません
```

　単一責任の原則は、クラスやモジュール、関数といったソフトウェアの構成要素が「1つのことだけを行うべき」という考え方であり、ソフトウェアデザインの重要な原則の一つです。

　単一責任の原則と構造化、オブジェクトは密接です。リファクタリングを行うことで後述の「オブジェクト」の概念にも親しめ、考え方を自然に学ぶことができます。

▶ ソフトウェア設計

▌設計における構造化（モデリング）

　構造化はソフトウェア設計でも用います。構造化を使った設計について、少しお見せしましょう。

　　あるロボットのリモコンは、上ボタンを押すとロボットの位置が前進し、左
　　ボタンを押すと向きが左に90°回り、右ボタンを押すと向きが右に90°回り、
　　下ボタンを押すと後退する。

この文章で表された動作を構造図の一種「木構造」で定義してみます。

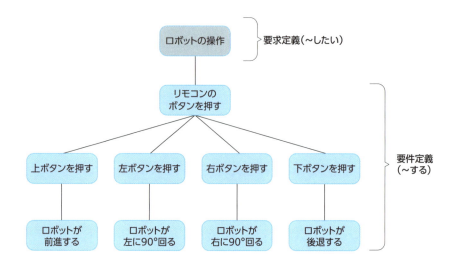

簡単な要求定義と要件定義になりますね。構造化を学んでいない読者はできなくてかまいません。ここでは雰囲気を感じ取ってください。

ユーザーが「〜したい」ことを一番上に書き、その下に「〜する」ことを書いていきます。この作業をモデリングといいます。木構造・要件定義にはいくつかの流派がありますが、ここではおおむね共通する書き方にとどめています。

……読むには読めるけど、自分で構造化するのは難しいかも？ そう思われた方もいるかもしれません。実は、コツがあります。動作の定義では、動詞を抽出するのです。動詞に二重下線、名詞に一重下線を引きました。

> あるロボットのリモコンは、上ボタンを押すとロボットの位置が前進し、左ボタンを押すと向きが左に90°回り、右ボタンを押すと向きが右に90°回り、下ボタンを押すと後退する。

動詞は活用があり、言い切り・終止形が「ウ段」になります（「する」がつくと動詞になる言葉も含みます）。動詞を抜き出すことで「〜する」ことを抽出で

きます。

　また、プログラムにするなら、データが必要です。こちらも木構造にしてみましょう。

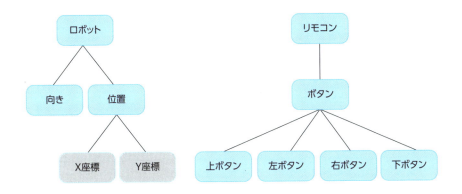

　お気づきでしょうか。データは**名詞**です。

　モデリングは、直感タイプの人なら動詞（動作）から設計、確かめるタイプの人なら名詞（データ）から設計すると、やりやすいかもしれません。
　このような自然な文から、<u>動詞</u>と<u>名詞</u>を使って、プログラムに**必要**な動作・データを抽出し要件定義する技法は、OMT（オブジェクトモデル化技法、ジェームズ・ランボーら、1990）によって紹介されたといわれます[注3]。初学者にとってたいへん明確で優れた技法です。
　現在OMTはUMLに発展して、抽出技法も

- 1. 動詞抽出法→責務駆動設計（RDD）

注3　井上克郎 著. 演習で身につくソフトウェア設計入門, エヌ・ティー・エス, 2006. p.46

● 2.名詞抽出法

になっています。

構造図とコードがかけ離れる

さて、せっかく作った構造図ですが、手続き型を使ってプログラムにすると、構造図とコードの構造が大きく異なります。このことに初学者は戸惑います。

「構造図のままプログラミングできたら、わかりやすいのに」

おっしゃるとおりです。構造図に抽象化するだけでも、現実世界から離れた形状になっているのに、その抽象をさらにプログラムへ変換するので、二重・三重に把握せねばならぬハメになっています。このことは初学者だけでなく、実際の業務でもトラブルになります。SEやプログラマーが交代するとメンテナンスが困難になったり、想定したテストケースが実際のフローと合わずテストにならなかったり……というのは、構造図とプログラムの構造がかけ離れていることも、一つの要因です。

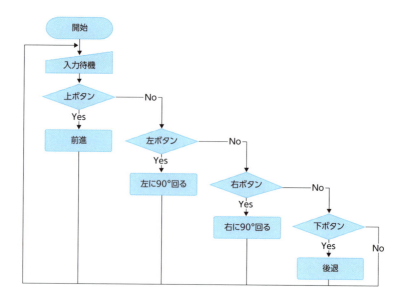

▶ オブジェクト

名詞や動詞を使って、何をどうするという形にできるのがオブジェクト

　プログラムにすると当初の構造図とは形状が異なる……という問題を解決する方法の一つがオブジェクトを使うことです。マルチパラダイム言語では、手続き型のデータ・すなわち「変数」に**プログラムを追加**できます[注4]。そして追加したプログラムは（この図であれば）

　　ロボット.前進する
　　ロボット.左に90°回る

という書き方で呼び出せます。つまり、ソースコード上で、何をどうするという書き方ができます。

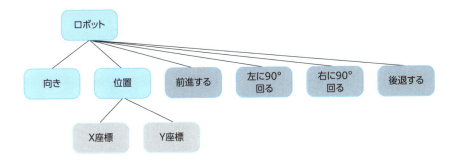

　図のように、オブジェクト指向では「構造化されたデータ」とそれに関連する「操作」をひとまとめにするという基本的な考えがあります。この書き方が使えると、プログラムはシンプルになります。

　　リモコン.ボタン.上ボタン.押される

注4　このケースでは抽象データ型（英：abstract data type、ADT）をいいます。変数をオブジェクトにする方法は、ほかに第一級関数（英：First-class functions）、連想配列などがあります。

●第8章 構造化とオブジェクト指向、そして問題解決●

という処理（イベント）の中に

ロボット.前進する

を呼び出す記述をすれば、それで「上ボタンによる前進処理」がまとまります。

- 構造図と実際のコードが近接し、ムダなく、コンパクト。
- 単一責任の原則が効いて、バグになりにくく、仮にバグが生じても原因箇所の特定がラクになる。
- 論理的な結合と、非言語的な結合が、同時に矛盾なく両立するので、バーバルシンカー／ビジュアルシンカーのどちらからも、ユニバーサルに可読性が保証される。

オブジェクト指向のメリットです。

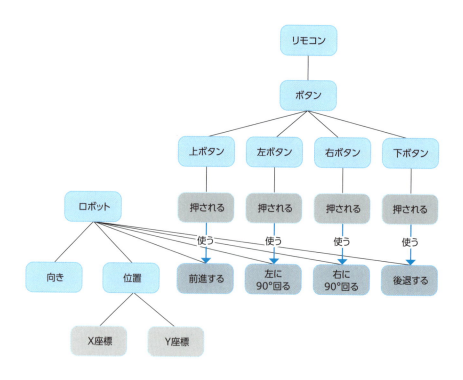

(参考) クラス図

オブジェクトを木構造で表現すると、前ページに示したとおり大きな図になりがちです。読みやすいかもしれませんが、たくさん書くとなるとたいへんです。

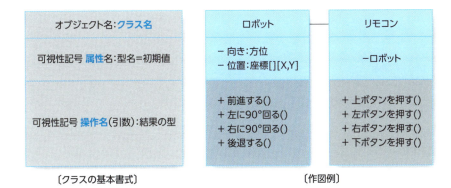

〔クラスの基本書式〕　　　　　　〔作図例〕

そこでオブジェクト専用のコンパクトな図式が求められました。その一つが**クラス図**です。クラス図は、

- データモデルのER図 (Entity Relationship Diagram)
- オブジェクトモデル化技法 (OMT) のオブジェクト図

をもとに作られています。OMTの発展型であるUML (統一モデリング言語) でも採用され、UML2.0における標準化された14種類の図式の一つとして、クラス図はよく使われます。

PHP：クラス図からコードを起こす

```php
<?php
// ロボットクラス
class Robot {
    private $x;
    private $y;
    private $direction;
```

●第8章　構造化とオブジェクト指向、そして問題解決●

```php
    public function __construct($x = 0, $y = 0, $direction = 0) {
        $this->x = $x;
        $this->y = $y;
        $this->direction = $direction;
    }

    // 前進
    public function moveForward() {
        //moveForward
    }

    // 後退
    public function moveBackward() {
        //moveBackward
    }

    // 左に90°回転
    public function turnLeft() {
        //turnLeft
    }

    // 右に90°回転
    public function turnRight() {
        //turnRight
    }
}


// リモコンクラス
class RemoteControl {
    private $robot;

    public function __construct($robot) {
        $this->robot = $robot;
    }

    // 上ボタン（前進）
    public function pressUp() {
        $this->robot->moveForward();
    }

    // 下ボタン（後退）
    public function pressDown() {
        $this->robot->moveBackward();
    }
```

▶オブジェクト

```
    // 左ボタン（左に 90°回転）
    public function pressLeft() {
        $this->robot->turnLeft();
    }

    // 右ボタン（右に 90°回転）
    public function pressRight() {
        $this->robot->turnRight();
    }
}

// コード例
$robot = new Robot(); // 初期位置は（0, 0），向きは 0 度
$remote = new RemoteControl($robot);

// リモコンを使ってロボットを操作
$remote->pressUp();      // 前進
$remote->pressRight();   // 右に 90°回転
$remote->pressUp();      // 前進
$remote->pressLeft();    // 左に 90°回転
$remote->pressDown();    // 後退
```

合意的習慣

　最近の構造化・オブジェクト指向を解説したプログラミング書籍では、要件の抽出方法を具体的に説明しない傾向があるように思います。要件の抽出が「自明」あるいは解説の範囲外と考えられているのかもしれません。英語圏の人には、命令は動詞、変数は名詞というのが、最初から「ならわし」としてあるので、説明されなくても自然に理解している人もいるのでしょう。

　しかし、こうした「合意的習慣」を説明しないのは、日本の初学者にとって障害でしかありません。

　「いわれてみれば、そうだな」

　そのように思う人も多いのではないでしょうか。名詞や動詞……すなわち、何をどうするかという核心を省略してしまったら、オブジェクトに対する初学

●第8章　構造化とオブジェクト指向、そして問題解決●

者の理解は一気に下がるでしょう。

（山崎晴可）

オブジェクトに慣れる・もう一つの方法

もう一つ、オブジェクトに親しむ方法があります。

「構造体」です。

構造体は、複数の変数をまとめて格納したデータ型です。非常に原始的なオブジェクトで、1970年代のC言語以降、ほとんどの言語に存在・または代わりの手段が用意されています。

〔C言語の構造体〕

```
struct {
    char name[100];          // 氏名
    char birthdate[11];      // 生年月日 (YYYY-MM-DD)
    char address[200];       // 住所
    int graduationYear;      // 卒業年度
    char graduationClass[50]; // 卒業時のクラス
} ;
```

なぜこのようなものがあるかというと、一つはプログラムの拡張性と保守性の向上が目的です。たとえば

- 1.氏名
- 2.生年月日
- 3.住所
- 4.卒業年度
- 5.卒業時のクラス

を項目とする卒業名簿を管理するプログラムで、次の関数を作っていたとしま

212

▶オブジェクト

しょう。

```
function createGraduate($name, $birthdate, $address, $graduationYear,
$graduationClass) {

        // 卒業生レコードの作成処理

    return;
}
```

　これらの項目に6番目のフィールドとして「電話番号」を追加するとどうなるでしょうか。

```
function createGraduate($name, $birthdate, $address, $graduationYear,
$graduationClass, $phoneNumber) {

        // 卒業生レコードの作成処理

    return;
}
```

　このように関数側に引数を増やすことになります。ですが、そうなると変更箇所はそれだけにとどまりません。この関数を呼び出しているコードすべてが、引数追加の影響を受け、すべての場所の引数を変更しなければならないことがあります。これはたいへん面倒なことになります。
　そこで、データフィールドは構造体にまとめてしまい、引数はその構造体で受け取ってしまえば、そのような問題はなくなります。

PHP：

```
// Graduate クラスの定義（構造体の代替）
class Graduate {
    public $nameKanji;        // 氏名（漢字）
    public $nameFurigana;     // 氏名（ふりがな）
    public $birthdate;        // 生年月日（YYYY-MM-DD）
    public $address;          // 住所
    public $graduationYear;   // 卒業年度
    public $graduationClass;  // 卒業時のクラス
```

8

213

●第8章　構造化とオブジェクト指向、そして問題解決●

```
    public $phoneNumber;          // 電話番号

    // コンストラクタは省略
}
function createGraduate(Graduate $graduate) {

        // 卒業生レコードの作成処理

    return;
}
```

初学者から中級者にかけ、やたらと引数が多い関数を作る方もおられます。その場合は、引数は2〜3個を上限として、それ以上になるときは構造体にするといいかもしれません。この流儀を身につけると、自然と「クラス」に慣れ親しみ、やがてクラスそのもの、そしてオブジェクトの本質的な理解へと近づいていきます。構造体を中間ステップとして活用することは効果的な方法です。

▶ 問題解決

「関数やオブジェクトまで理解し、プログラミングの基礎はだいたい把握した」

だけど

「自分は何を作ればいいのだろう」
「それを、どう役立てればいいのだろう

そう、これまでは、教科書にしても授業にしても課題が提示されていました。誰かが書いたものを読み、誰かが作った課題をこなせばよかったわけです。課題をこなすことで、プログラミングの**方法**を覚えてきました。しかしプログラムの**作り方**を理解したわけではありません。プログラムを作るとは、自身で「課題を導いて問題を解決する」ことだからです。

214

問題・課題・問題解決

　問題と課題。「同じじゃないか」と思う方もおられるかもしれませんね。ちょっと違います。ここでは、

「問題とは、現状と目標のギャップである」

と定義します[注5][注6]。目標、あるべき姿の「理想」。それに対して、ありのままの姿の「現状」。この差を埋めることが、問題解決です。

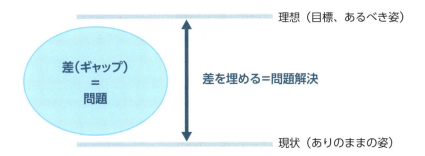

　問題を解決したいという意志によって、問題から課題が浮かび上がります。問題の中には、複数の課題が含まれることがあります。そういうときは、単一責任の原則に従い、分割して課題を抽出します。

[注5]　柴山盛生, 遠山紘司 編著. 問題解決の進め方, 放送大学教育振興会, 2012, p.10
[注6]　OJTソリューションズ 著. トヨタの問題解決, KADOKAWA, 2014. p.34

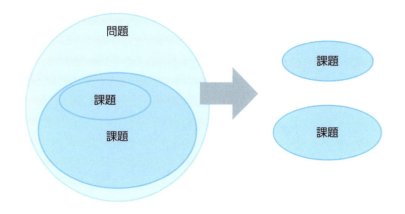

　課題の見え方は、その人の発達過程や人生体験によって異なります。同一の問題に対して、それぞれの人が異なる課題を見ることがあります。「理想に向けて克服すべき障害」。ほかにも、ゴール（目標）、ハードル、ソリューション（解決手段）ととらえることもできます。

　どんな見え方・誰の見え方が正しいというものではありません。人の得手・不得手がそれぞれなら、課題の見え方が異なるのは当然のことです。あなたに昨日見えていた課題が、今日は別の課題に見えることもあるでしょう。その多様性が、人類に様々な解決手段・解決選択肢をもたらしています。

仕事と作業

　課題が見えたら、課題を解決するための「作業」に仕分けます。作業の一部は「道具」に代えることもできます。

　問題から課題を見つけ、課題解決に必要な作業や道具を考えるのが仕事です。仕事とは、

- 問題から課題を見つけ、
- 課題を重要度／緊急度／影響範囲から優先順位をつけ並べ替え
- 各課題を作業や道具に仕分けていく（構造化する）

までのことをいいます。

　仕事（work）と作業（task）は混同しません。頭脳は仕事の段階で使い、作業は考えずにできる形に分解するのが理想です。作業する人が悩んで手が止まる（≒頭脳を使う）ことがあれば、それは作業に仕分ける際の粒度が甘かったのかもしれません。そういった滞留が生じないところまで、課題を作業に仕分けることを目指します。

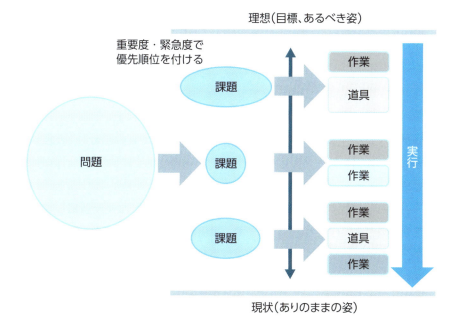

　仕分けきったら、後は作業を実行します。作業がすべて完了すると、理想と現状が一致します。

理想（目標、あるべき姿）

現状（ありのままの姿）

これによって問題解決します。

プログラムは道具である

プログラムで作るのは道具です。道具というオブジェクトです。

道具は、何かの作業を置き換えることで、問題解決に貢献します。道具があるから作業があるのではありません。すべての道具は、何かの作業に隣接し、そこにあった本来の作業を代替・最適化しています。

したがってプログラムを作るときは、「前後の作業」に接続・調和していることが重要です。作業の組み合わせや、再構造化、オブジェクト化の過程において、道具が置き換える前後の作業を見失わないよう注意します。

プログラムが代替した作業は、道具としての有用性として効能に書くことができます。自動化によって合理化された人件費の積算額も、値付けの参考になります。プログラムをビジネスにつなげるときは常に「作業」を意識し、明確にしておくことが大切です。

問題解決・ポイント

- 問題を解決したいという意志が、課題を浮かび上がらせる

▶問題解決

- 問題とは、現状と目標のギャップである
- 課題は作業に分解できる
- 作業は道具に置き換えられることがある
- 仕事は問題から課題を浮かび上がらせ作業や道具を考えることである
- プログラムは道具である

 予測不可能な市場への挑戦とリスク

　あったら便利そうだな、でアプリケーションを作り、用途は市場（マーケット）に創出してもらう、という方法もあります。ある用途のソフトウェアが思ってもみない使われ方をされ、やがてそちらが主流になってしまったというのは、私もたびたび経験しました。前後を考えずに作ってみるというのもチャレンジとして「あり」です。

　ただし、その道具が置き換える「作業」が不明となれば、値付けの根拠に乏しい（マネタイズが難しい）ことになります。人気が出たとしてもユーザーへの対応や準備、状況コントロールも難しくなりがちで、作る側は疲弊することがあります。

（山崎晴可）

例：映画館の入口

　映画館で利用者の入場に時間がかかり、利用者が滞留する問題があったとします。現在の手順を確認します。

　　係員は入場者の人数を確認する。チケットの枚数、日付、時間、上映作品が正しいか確認する。偽造や改ざんがないか確認する。確認後、必要に応じてチケットの半券を切り取り入場者に手渡す。再入場が許可される場合は、特殊インクによる押印やリストバンドを提供する。

　下線の部分を課題とし、自動化して待ち時間を短縮するとしましょう。名詞

●第8章　構造化とオブジェクト指向、そして問題解決●

と動詞を抽出します。

> チケットの枚数、日付、時間、上映作品が正しいか目視で確認する。偽造
> や改ざんがないか確認する。確認後、必要に応じてチケットの半券を切り取
> り入場者に手渡す。

動詞が従来の作業、名詞がその作業に必要な情報・モノです。これを電子チ
ケットに置き換えてみましょう。

> 専用のスキャナーで紙または携帯電話の二次元コードを読み取り、端末に
> 表示された枚数、日付、時間、上映作品が正しいか確認する。確認後、端
> 末から出力された半券を入場者に手渡す。

紙のチケットから電子チケットに置き換えると、動詞が4→5になり係員の
作業が増加するおそれがあります。名詞も10→11になり情報やモノも増えま
す。これはデメリットです。しかし、電子チケットには多くのメリットがあり
ます。偽造や改ざんのリスクが低減し、人的ミスも減少します。練度が必要な
判断を端末に任せられるので、係員の教育も短縮できるかもしれません。スマー
トフォン利用による顧客の利便性向上や、売上増加の可能性も期待できます。

電子チケットの導入には、メリットとデメリットのトレードオフを慎重に検
討し、オーナーが導入の是非を判断する必要があります。この判断の必要性が、
問題と解決それぞれの構造化によって明確になります。

オブジェクト指向の説明に、たとえ話は向かない

オブジェクト指向は、現実世界の問題を、いったんモデル化して解決するア
プローチです。この「いったんモデル化する」段階で、現実世界から一度離れ
ます。現実世界を文章にシリアライズし、そこから動詞と名詞を分離して構造
化するプロセスによって、必然的に現実世界とは乖離するからです。つまり、
オブジェクトは現実世界とは異なる「抽象」の世界に属します。抽象化された
オブジェクトは、ソースコードによって具象（表現）し、コンピューターによっ

▶問題解決

て動かされることで、現実世界に再接続します。

　従来、オブジェクト指向の説明には、たとえ話がよく用いられてきましたが、抽象の世界にあるものを、現実世界の比喩（たとえ話）で説明するのは、どうしてもムリがあります。本章では、例示を除き、比喩を極力排しました。

まとめ

- オブジェクト指向は、構造化とオブジェクトを用い問題解決のための道具を作る方法論である
- 問題解決のプロセスは、構造化とオブジェクトの技術を使用するし、構造化とオブジェクトは、問題解決のプロセスを使用する
- プログラムにおける構造化、オブジェクト、問題解決、の3つの概念は、相互に補完し合い、一体的に使うことで効果が生じる

オブジェクトとオブジェクト指向

　オブジェクト指向は、オブジェクトを基本単位として、設計・プログラミングを行う方法論です。方法論であるがゆえに、時代によって示す意味が変化してきた過去があります。

　1980年代では「データ」と「データに関連する動作」（メソッド）を1つにまとめた抽象データ型（クラス）を使う程度でも、オブジェクト指向を使っていることになりました。

　1990～2000年代にかけて、OMTやUMLの認知度が高まると、設計段階からオブジェクトが意識されるようになりました。新しく登場するプログラミング言語にも、オブジェクトが標準的な機能として期待されるようになりました。この頃から「継承」「カプセル化」「ポリモーフィズム（多態性／多様性）」がオブジェクトの基本的な使い方として広く認識されるようになりました。

　それらを背景にして言語のマルチパラダイム化が進んだ2000～2010年代に、あえて「オブジェクト指向」というときは、ポリモーフィズムの高度な使い方を前提としたデザインパターンなどの使用を含むようになりました。

　しかし、高度な技術を用いると、メンテナンスにも同等の専門知識が必要となります。その結果、開発者自身が保守作業に携わる状況が生じました。それが困

●第8章　構造化とオブジェクト指向、そして問題解決●

難となると、部分的にオブジェクト指向が放棄され、より理解しやすい関数で代替されることもあります。こうした現状もあり、オブジェクト指向の意味にも揺り戻しが始まりました。

　2024年現在、マルチパラダイムのパラダイムそれぞれの長所を組み合わせた手法が主流となり始め、オブジェクトは抽象データ型（クラス）や連想配列に関数を組み合わせる使い方がよく見られるようになりました。オブジェクト指向はこれらに溶け込む形で、1980年代に似たゆるい枠組みに回帰しつつあります。この流れであれば、将来的にオブジェクト指向という概念自体が過去のものとなるかもしれません。

（山崎晴可）

道具

　「Sell shovels to miners」（金を掘る人にシャベルを売れ）という格言があるほど、場に的確な道具を作る・売ることはビジネスの基本です。人ですらも、働くときは道具的な役割を意識し、道具的にふるまいます。道具という言葉が不穏当なら、「役に立つ存在」と言い換えてもかまいません。

　物も人も、誰かの役に立つ存在である限り、社会の連綿たる営みに親和し、必要な存在として組み込まれていきます。

（山崎晴可）

第9章

プログラマーの拠り所

●第9章　プログラマーの拠り所●

▶ 独り立ちへのレディネス

　オブジェクト指向・関数の取り扱いの基本をマスターすると、初学者の修了となります。学習のためのプログラミングから、目指すものを作るためのプログラミングに移ります。そのとき、わきまえておくことがあります。プログラマーとして独り立ちする自分の拠り所です。

▶ 言語という拠り所

プログラマーの職能としての寿命

　生物は特にそうですが、環境適応能力を失うと、わずかな環境変化でも生存が脅かされ、死に至ります。老化、病気、事故など「死」の要因は様々ですが、それらの多くは、それ自体では死に至りません。それらのイベントに適応できなかったときに死に至ります。社会環境は常に変化するため、PCやソフトウェアへの要求も変化します。プログラムも、環境の変化に適応できなくなったとき、動かなくなります（第7章）。

　プログラマーにも変化への対応が求められます。プログラムの改修や、新しい技術の導入も求められます。こうした変化の要請に対応できなくなったとき、プログラマーは職能としてのプログラミング能力を失います。もちろん人間の変化は簡単ではありません。新しい技術の導入、新しいプログラミング言語の習得には、相応の時間がかかります。

　そこでプログラミング言語はそのままに「ソフトウェアフレームワーク」を変えていくことで、変化を緩和させる戦略がとられるようになりました。ソフトウェアフレームワークのいくつかは複数のOSにまたがって対応するように進化しました。これを「クロスプラットフォーム・フレームワーク」といいます。この進化によって、1970〜1990年代のような、OSと言語選択が密接な時代から、フレームワークに言語が結び付く現代へと移行しました。

　言語を変えず、新しいフレームワークに慣熟することが、プログラマーのトピックになりました。このため、プログラマーは自身をアップデートせずとも、

▶言語という拠り所

いきなり職能を失うことはなく、そのままであれば緩慢と「少数者」に向かうことになりました。

少数者のリスク

少数者になり過去の技術に特化することで、希少な技術者として評価されるチャンスが生じます。ただし、このチャンスだけに期待し固執することは、精神面……さらには人格形成にかかわる重大なリスクをはらんでいます。少数者（マイノリティ）になるということは、「少数者として生きていく技術」の習得、そして「誤った存在」とみなされることへの抵抗とを、同時に行うことになります。

メジャーな技術を持っている人材の中にも、マイナーな技術を同時に持つ人はいます。その人たちとの差別化をはかるために、自身の専門性の向上と、そのことを売り込む努力が必要になります。その過程で、自分の専門性や経験が正当に評価されないことを「自身を誤った存在」とみなす「社会の問題」「組織の問題」にすげかえ、被害的な観念で社会を見渡してしまい、すると「やっぱり、そのとおりだ」と符合したり再確認できることを見つけてしまって、その偏った世界観に基づく言動によって、社会からも孤立を深めてしまうことがあるのは、哀れというほかありません。

社会から認めてほしいがゆえに、社会を敵視してしまうという矛盾。

一度ならず専門性を誇れるだけの技術を獲得できた人が、新しい技術の獲得をできないはずがありません。能力の問題ではなく、社会に対する認知の問題で、新しい技術の獲得を拒んでいることがある。そうした人は、そうするずっと手前の時点ですでに孤立への道を歩み始めていたのではないか。筆者にはそう感じられることがあります。

プログラマーは言語で自分投資

筆者は、初学者から中級者になろうとする、このときに、あえて言語やフレームワークを変更することを提案しています。たいして技術を積み上げていない時期であれば、ほかの言語やフレームワークに移る抵抗感も小さいからです。移った先が性に合わなければ、戻ってくればいいのです。「あっちは、ああだったな」

●第9章　プログラマーの拠り所●

「用意するものはこうだった」という経験があることは、プログラマーに柔軟性をもたらします。わずかな経験であってもほかを見るというのは、いまやっていることを客観視する機会になり、移行の成否にかかわらず学習にプラスの影響があります。さらにうまくいって、複数の言語やフレームワークを扱えるようになれば、技術的な視点と問題解決のアプローチも多様化させます。

　もちろん、いいことばかりではありません。複数の言語やフレームワークを学ぶことは学習コストが高くなり、結果として専門性を低下させる要因になります。しかし、そのことを含めても、プログラマーが複数の言語、フレームワークを習得していることは、キャリア設計・その安全性の面からもメリットが上回ります。

　長く続けているプログラマーは、メジャーな言語・フレームワークを軸として、二番手か三番手に位置する言語・フレームワークを私的に追っていることがあります。

　「仕事では〇〇を使っているけど、趣味のフリーウェアでは□□を使っている」

というような、言語スキルのポートフォリオを組んでいる様子を見聞きしたことはありませんか？　プログラマーのコミュニティでは、自己紹介などでそういった情報を載せている人がたくさんいます。プログラマーにとって、言語やフレームワークの習得は、自分への投資です。その投資はいつか、あなたがキャリアの岐路に立ったとき、切り札として、あなたの未来を拓く力になるでしょう。

言語の見え方

　初学者を卒業しつつあるこの時点で、バーバルシンカーとビジュアルシンカーは、プログラミング言語に対してそれぞれイメージを持ちつつあります。

　バーバルシンカーにとってプログラミング言語は、料理のレシピや事典のようなイメージ。なので逆引きの言語リファレンスが便利に感じているかもしれません。逆引きも様々ですが、この段階ではポケットリファレンスが適しています。

　ビジュアルシンカーにとっては、プログラミング言語は住み始めて数日たっ

た街のようなイメージが作られつつあります。どこに何があるかという空間的イメージですね。アルゴリズム事典や、大型の事例逆引きが、全体像を把握できるので学習の役に立つでしょう。

それぞれの入門書や学習コースにこれらの副読本をつけると、単独よりも、あなたの完成度に貢献し、目標に至るまでの時間が早まります。これらは言語のイメージができつつある今だからこそのアドバンテージです。

現時点で高度なコードを目指す必要はまったくありません。ここからは、あなたのプログラミング言語に対するイメージ・すなわち「像」を育てていくことが、学習の目的になります。優れたコードは、その人が持つ言語イメージの大きさと精度によってもたらされるものです。いまはその見識を広げる時期にあります。言語に対する見識は、プログラマーにとって自らが拠って立つ重要な礎です。いまは様々なコードを書いて見識を広げていくことが最優先であり、そうして積み上げられた経験が将来のあなたを支えます。

▶ モチベーションという拠り所

やらなければいけないけど、何もやる気が起きないとき。それは意志の問題？ それとも動機の問題？ どちらでしょうか。

意志

あることをしたい、したくないという考えを意志（will）といいます。意志は目標達成のために自分の体を制御します。意志は行動を起こす能力です。

精神科医・心理学者のロベルト・アサジョーリ（伊1888-1974）は、こころの基本機能として思考、感情、直感、感覚、想像、衝動の6つをあげ、それらを統合する機能として「意志」があり、意志を「自由への能力と責任」と考えました[1]。意志が選択を作り、意志が選択を発見し、それらの選択肢から選ぶ・選ばないのも意思です。その責任をこころと体が負います。外部からの影響と折り合いをつけ、時に抵抗しながらも、自分の価値観に基づいて生きる力とし

注1　氏原寛ほか. 心理臨床大事典, 培風館, 1992.p.133

て、意志があります。

● 図9-1　ロベルト・アサジョーリの「意志」

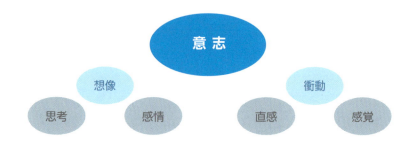

動機

　意志を生み出す原因となるのが動機（motive）です。その動機を引き出すことを動機づけ（motivation）と呼びます。動機づけは、目標に向けて行動を引き起こし、その行動を維持し、達成に向かわせる活力となります[注2]。

　行動を起こすという同じ作用で、意志が能力、動機が活力である点は興味深いことです。動機が明確であれば、目標に向かって行動する意思が強化されるというわけです。

　また意志が強ければ、動機を維持します。仮にモチベーションが低下したとしても、意志が強ければ動機が再確認され、再び活力を取り戻します。すなわち意志と動機は相補関係にあります。意志は未来に向かって、動機は現在に向かっているともいえるでしょう。

　よく「モチベーションが湧かない」といいますが、モチベーションは外からやってくるのを待つよりも、自分で引き出すほうが確実ということになります。

葛藤から見つける意志と動機

　意志という能力、動機という活力。どちらも完全に失われると、もはや自力ではどうにもなりません。他者の支援が必要です。しかし、どちらかが少しで

注2　岩壁茂ほか編（引用部 割澤靖子）．臨床心理学スタンダードテキスト，金剛出版，2023．p.840

▶モチベーションという拠り所

も残っていれば方法はあります。

　まず「やめちゃう」。やめちゃったらいいのです。それで困らなければ、解決です。

　「いやー……でもー……」

　はい、そうはいかない。だから困ってるわけですよね。

　何が、どうして、そうはいかないか。そうした個人内葛藤を使って解決策を抽出する方法は「ソリューション・フォーカスト・アプローチ」(SFA) という心理療法で用いられます。SFAの詳細については本書では述べませんが、ここではその技法の一つコーピング・クエスチョンで、意志と動機を再発掘してみましょう。

- 過去に同じような状態を乗り越えたとき、どんな方法を使いましたか？
- それらの対処方法の中で、効果的だった方法は思い出せますか？
- いまのあなたを少しだけ改善するには、どんなサポートが必要ですか？
- この状況では、何が最もストレスを軽くしてくれますか？
- いまの状況のすべてを解決できないかもしれませんが、でもステップを小さくして、困難をラクにすることはできますか？

これらの質問から浮かんだイメージは、以下のように分類します。

- 計画、行動、方法をキーワードとするイメージなど、将来に向けて実行できるもの（意志）
- 対処、活用、経験、自信、支援をキーワードとするイメージなど、過去に自分に利益をもたらしたもの（動機）

　このように分類することで、それぞれのイメージやエピソードを意志や動機につなげられます。引き出された意志や動機の「種火」を可視化することで、自身のモチベーションの正体を見極めることができるでしょう。

●第9章　プログラマーの拠り所●

▶ ストレスという拠り所

ストレスを感じないのは、いいこと？

　ストレスというと悪いもののように思いがちですが、ストレスがないという状態で生きている人はいません。その人にとって、大きすぎるストレスがよくない、ということです。適度なストレスは、心身の成長に必要なこともあります。

プログラミングが楽しくなったあなたへ

　プログラミングに夢中な人の中には、数ヶ月〜1年ほど順調にプログラミングができていたのに、その後意欲が湧かなくなってきたと訴える人がいます。これはプログラミングに限った話ではありません。人は夢中になれるものがあると、自身のこころや体の健康をおろそかにしがちとなり、自分のストレスに気づきにくくなるのです。

　ソフト開発に寸暇を惜しみ自ら望んで勤しんでいた人が、完成品をサーバーにアップした後に自分がダウンする、ということがあります。夢中になるというのは魔力です。自分が役に立っている感じもありますし、どんどんはかどれば楽しいものです。

　でも、夢中になるにつれて、高揚感が焦燥感に変わったり、続く睡眠不足から頭が働かなくなっていたりするのです。こうなると、実際のパフォーマンスも落ちますから、この負のループから抜け出すことが必要になります。どうしたら抜け出せるのでしょう。

ストレス管理の基本

　「(睡眠は) 短ければ短いほどいいんですが」

といった人がいました。

　「思うようなパフォーマンスが出せていない」「もっと時間をかけたい」「削れるのは睡眠時間」という考えに至ったようです。

230

▶ストレスという拠り所

　……睡眠時間を削ることは名案とは思えません。多くの人もそう思うでしょう。けれども、本人がそれに気づかない状態になっていることがあります。

　そのため実際の睡眠時間は何時間になっているのか、どのぐらいの期間そのような生活が続いているのか、という具体的な数字から意識しはじめることが大切です。

　このように、ストレス管理の基本は、まずは睡眠、食事からです。もちろん、乱れないようにすることは大切ですが、少しも乱れてはいけないということではありません。「乱れたときに整えられる」ことが重要です。日中、眠くならない程度に夜は眠れているか。同じような時間帯においしくご飯を食べられているか、お酒を飲みすぎていないか。こうした点から自分の生活を振り返ってみましょう。そして、睡眠が短い翌日は早く寝る、食べ過ぎたり飲みすぎたら翌日は控える、といったことを意識しましょう。これらが、ストレス管理の基本となります。

ストレスに気づいたら

　あなたは、いま何かにストレスを感じていますか？ 仕事の量でしょうか、作業の進捗状況でしょうか、周囲の人との人間関係でしょうか。いま、ストレスと聞いて思い浮かぶことはなんでしょう？ ストレスで業務や勉強が停滞していると感じる場合、それは何かがうまくいっていないということです。ということは、これまでのやり方を見なおし、何かを変える必要があることを示唆しています。

　できることから考えてみましょう。今まで自分がやってきたことを書き出してみるのです。学校（教科）、部活、習い事、趣味、好きなもの、嫌いなもの、アルバイト、仕事（内容）、等々……。それぞれのどこが好きだったか、あるいは嫌いだったか、どんな役割をとったか、どの程度の時間（期間）やったかなどを書き出してみるのです。それぞれに共通するものもあるでしょうし、しないものもあるでしょう。そこに自分の特徴が見えてくる可能性があります。

　勉強や仕事の量はどうだったでしょうか。勉強や仕事の内容はどうだったでしょうか。それらと現在を比較してみましょう。仕事の量や内容が、自分にとって適したものであれば、やる気が起きやすいということがあるでしょう。仕事

のペースもそうです。あなたは丁寧にコツコツと仕事をしたいほうでしょうか。それとも大雑把に全体を把握したいタイプでしょうか。それによっても、仕事の段取りは変わってきます。

　もちろん、すべての仕事を自分に適したものにすることは現実的に難しいでしょう。しかし、自分の苦手なことを知っておくだけでも大きな違いがあります。「これは苦手なんだよな」と自覚することで、対策を講じながら取り組むことができます。

　大切なことは、自分はどんなことをストレスと感じやすいかを知っておくことです。併せて、自分がどんなことでやる気を出せるかも知っておくことです。これを知っておくことがメンタルダウン予防になります。それはこの時代を生きるためのレディネスとして、あなたをずっと支え続けてくれるでしょう。

▶ストレスという拠り所

きづかいの人

Dさんは30代の女性。皮膚疾患が治らず、皮膚科医からストレスが原因かもしれないといわれ、私が勤務する精神科の相談室を訪れました。

Dさんは、いつもにこやかでした。日常生活を穏やかに語り、仕事や家庭にしっかり気を配る様子がうかがえました。Dさんは「思い当たるストレスがない」とおっしゃり、ご自身のメンタルに問題はないと考えているようでした。

しかし、あることが私には気になりました。Dさんはカウンセリングの終了時間を気にして、たびたび部屋の時計に視線を移していました。それが繰り返されたので「時間が気になりますか？」と尋ねたところ「終了時刻をしっかり守らなければいけないと思って」と答えられました。わずかの時間オーバーもしてはいけないと考えているようでした。彼女の過度な配慮と穏やかすぎる態度が私は気になりました。

「カウンセリングも人間関係の一つであり、時間の使い方もお互いが相談して決められるのですよ？」と述べると、Dさんは驚かれました。「お互いに……」と言葉を失った様子でした。Dさんは、相手に合わせることばかり考えてきたようでした。

当初、Dさんは「ストレスはない」と話していましたが、身体は皮膚疾患として過度のストレスを訴えていました。ストレスに気づかなかったのは、Dさんにとって原因が当たり前だったからです。

あれ？ わたし、合わせすぎてるのかな。

その自覚によって自分を振り返る作業が（自分の中で）始まりました。自分の特徴を自覚していくことで、自分のストレス要因と対処法を把握するすべを身につけられるようになりました。しばらくすると皮膚疾患もやわらぎ、数ヶ月で完治。仕事も家庭も自分のペースを大切にできるようになりました。

なかなかわからない自分のクセもあります。人に聞いてみるのは一つの選択肢になります。

（山崎彩子）

あとがき

　1990年代から「同じ職場・同じフロアにいる人とメールで話をする」という職場が聞かれるようになりました。一人に一台のパソコンを与えられ、一日中ディスプレイに向かい合い、隣席の人ともパソコンで会話をする、という職場です。

　当時、私はたいへん驚きました。パソコンはとても便利な道具でしたが、私たちの日常の光景をあっという間に変え、使う側は意気揚々と正しいこととして作業しているようでした。働く場においての中心がまるでパソコンにあるようで、人が取り残されかねない状況に不安と違和感を覚えたものでした。

　ひるがえって現在、それはもう珍しい光景ではありません。私の職場でもパソコン上での会話が当たり前となっています。グループウェアのチャットで同部屋の人とも、他の勤務地にいる人ともリアルタイムで話ができる状態です。仕事の調整も電話ではなく、さっとチャットで済ませることができます。現在離席しているかどうかも把握できますし、研修等で行われるグループワークもオンラインでも行われるようになりました。

　これらのインフラを支えるプログラマーやエンジニア、IT関連の人材はますます求められるようになっています。2020年度からは小学校でもプログラミング学習が必修となりました。2021年度からは中学生で必修化され、2022年度からは高校で「情報」として必修化されました。AI技術でも盛り上がる現代のIT社会においてそれは必要なことなのかもしれません。

　でも、どこかで、これでいいのだろうかという感覚もあります。「すぐ隣りにいる人ともパソコンを介して」会話をすることへの違和感は、もう私たちの中からは消えたのでしょうか。確かに、できなかったことがたくさんできるようになりました。とても便利になりました。けれども、不便さは必ずしも私たちの敵というわけではなかったように思います。パソコンを介して話さない分、声色や口調は伝わってきました。現場に体ごと出かける分、道中で準備時間が取れました。こういう中で生まれていた相手への配慮もついつい忘れがちになります。どちらが正しいというものではありません。ただ、技術開発のスピー

ドは速く刺激的なため否応なしにそちら側に引っ張られます。

　心身の健康を損なう人が少なくないIT業界は最先端の業界であるからこそ、その不調を口に出せずどこかで無理をしてしまう人が大勢います。プログラミング自体も独特の集中力や技術がいるものです。その中で、自分の心と体が感じる声を無視してしまう人たちがいます。結果的に、続けられなくなる人も少なくありません。

　本書のテーマは「レディネス」です。これは、何かを身に付けていく準備段階を指します。教育心理学では、レディネス形成がその後の学習に重要な意味を持つという話があります。「早く習えばよく身に付く」という考えではなく、「準備段階を整えてこそよく身に付く」という考え方です。

　プログラミングに限らず、課題を遂行していくためには、想像（創造）力と忍耐力が必要です。これらは生活の中での体験でこそ、鍛えられるものです。生活の中で様々な実体験とパソコンの中でのプログラミングという一見相反するものがタッグを組んだとき、よりよい学習や成果につながっていくのではないでしょうか。

　最後に。

　プログラミングに興味を持つ人たちの中には、人に頼ったり相談したりということが得意でない人たちがいるようです。それもあり、本書は、自分一人でもレディネスを形成し、心新たにプログラミングに挑戦していけるようにと書かれたものです。そして、一人もいいですが、やはり誰かを頼ることで開ける道もまたあることを最後に伝えておきます。私たちもみなさんと共に学び、考えていきたいと思っています。本書が、みなさまの前向きな取り組みにつながれば、これに勝る喜びはありません。

2024年11月 山崎彩子

参考書籍

東洋 著ほか. 教育の心理学, 有斐閣, 1989
村瀬嘉代子 著. 子どもと大人の心の架け橋, 金剛出版, 1995
スティーブン・ピンカー著；椋田直子訳. 言語を生みだす本能 上下, 日本放送出版協会, 1995
熊倉伸宏 著. 面接法, 新興医学出版社, 2002
羽生善治 著. 決断力, KADOKAWA, 2005
松下正明 総編集ほか. 精神医学キーワード事典, 中山書店, 2011
倉島保美 著. 論理が伝わる世界標準の「書く技術」, 講談社, 2012
今田寛・宮田洋・賀集寛 共編. 心理学の基礎 四訂版, 培風館, 2016
村瀬嘉代子 著. ジェネラリストとしての心理臨床家, 金剛出版, 2018
勝俣範之 編. 抗がん剤をいつやめるか？どうやめるか？, 日本医事新報社, 2020
岩壁茂他編. 臨床心理学スタンダードテキスト, 金剛出版, 2023
日本心理臨床学会編. 心理臨床学事典, 丸善出版, 2023
河西朝雄 著. Pythonによる「プログラミング的思考」入門, 技術評論社, 2024

 取材協力

Shubhangi S Gokhale（米・英・印 教育文化）
突発旨食奥義解明の会（心理実験協力）

索引

記号・数字
3CAPS ……………………… 131

A
ACT-R モデル ……………… 131

B
Bio-Psycho-Social
（BPS）モデル ……………… 166
Blockly …………………………… 45

C
C ……………………………………… 42
C# …………………………………… 43
C++ ………………………………… 42
CPU ……………………………… 106
CSS ………………………………… 26
C 言語 …………………………… 130

E
ER 図 …………………………… 209

F
FEP ………………………………… 4

G
Go …………………………………… 43

H
Haskell ………………………… 42
HTML …………………………… 43
Human Computer Interaction
……………………………………… iv
HCI → Human Computer Interaction

I
ICMJE ………………………… vii
IDE ……………………… 37, 162
IEEE …………………………… 42
IEP →教育計画
IQ ……………………………… 118
IT 産業 ………………………… 14
IT 人材 …………………… 13, 15
IT 土方 ………………………… 12

J
Java …………………… 42, 58, 71
JavaScript ………………… 43

K
KABC ………………………… 151

L
liaison →リエゾン

M
MakeCode ……………………… 47
MakeCode for Minecraft ……
………………………………………… 70
MOD …………………………… 71
MOS 試験 …………………… 87

O
Object-Oriented Programming
→オブジェクト指向
OJT ……………………………… 160
OMT ………………… 205, 221
OOP →オブジェクト指向

P
Pascal ……………………… 130

Perl ……………………………… 42
Python ………………… 42, 44

R
RDD …………………………… 205
readiness →レディネス
RIASEC ……………………… 29

S
Scratch ……………………… 45
SFA ……………………………… 229
Single Responsibility Principle
→単一責任の原則
Smalltalk ………………… 130
SOV 型言語 ………………… 23
SQL …………………………… 43
StarLogo …………………… 45
Static おじさん ………… 131
SVO 型言語 ………………… 21

T
TDD →テスト駆動開発
Test Driven Development
→テスト駆動開発
TypeScript ………………… 43

U
UD フォント ………………… 37
UML ……… 15, 205, 209, 221

V
VARK モデル ………… 52, 151
Viscuit ……………………… 46
VRT →職業レディネス・テスト

237

W

WAIS-Ⅲ ···················· 144
WAIS-Ⅳ ···················· 118
Web デザイン ················ 26

Z

Z80 ························ 106

あ

愛·························· 27
相手のイメージに描く········ 26
相手のイメージに言葉で描く·····
························· 24
アキュームレータ·············106
アクロバティック·············160
アサーション················ 27
遊び······················188
アドレス···················106
アドレナリン················193
穴埋め問題················ 14, 113
アフォーダンス·············· 46
誤った存在·················225
アラン・カウフマン··········151
アルゴリズム················ 43
アルゴリズム化能力···········194
アルゴリズムの定着··········· 71
アルファ本·················169
アレクサンドル・ルリア······151
アンプラグドプログラミング ···
····················· 11, 33

い

言い訳····················· 34
医学······················viii
医学雑誌編集者国際委員会
→ ICMJE
意志······················227
意識・無意識················viii
萎縮······················ 27
依存······················ vi
イデオロギー················ 90
居場所···················· 87

い (cont.)

いまのところ動く············184
インターフェースガイドライン
························190
インターンシップ············159

う

ウィークポイント············ 31
うなぎ····················· 23
うな丼···················· 21

え

英語力····················· 20
英語を理解しない············· 20
エドゥアルト・シュプランガー
························· 27
エドガー・ルビン··········· 90
エピソードバッファ··········114
選ばなかった人生············181
演算子····················136
援助職···················· v

お

教えているフリ············· 15
オブジェクト···············198
オブジェクト指向····· 121, 198
オブジェクト消去············136
オブジェクト図··············209
オブジェクト生成············136
オブジェクトモデル化技法
→ OMT
おもしろくなるまでやる······ 38
おやつの有無···············105
オリエンテーション···········iii
音韻ループ·················114
オンラインコース············· 49
オンラインスクール··········· 50

か

カール・ユング············· 52
外的世界··················155
カウフマンモデル············151
カウンセラー················ v

か (cont.)

カウンセリング··············233
科学的管理法················ 16
夏期大学··················· 50
学習曲線················ 44, 191
学習効果··················191
学習時間··················191
学習指導要領········· 14, 35, 97
学習障害··················· 37
学習プロセス··············· 51
過去の文例·················120
課題······················215
課題実習··················· 11
価値観···················· 27
価値類型論················· 28
活用······················229
活力······················228
家庭教師··················· 50
カプセル化··········· 121, 221
カリキュラム··············· 51
考えるロジック············· 35
感覚······················228
感覚的関係性········· 127, 128
環境適応能力···············224
環境変化··················224
慣習的（同調的）··········· 29
感情······················228
感情整理··················· v
関数······················136
感想······················165
漢訳洋書の禁輸緩和措置······ 96

き

キーストローク··············160
幾何学···················· 96
企業的（説得的）··········· 29
木構造····················204
技能職···················· 53
記簿法···················· 96
義務······················ 36
気持ち····················165
キャリアアップ·············· 26
キャリア設計···············226

教育計画……………… 38	**こ**	**し**
強迫性障害……………… 80	合意的習慣……………… 211	死……………………… 224
協力遊び……………… 187	構造化…………120, 198, 203	ジェームズ・ランボー………205
局限性学習症…………… 37	構造体………………… 212	支援………………… 229
清子……………………… 4	行動………………… 229	資格……………………… 17
キヨちゃん→清子	行動心理学……………… 35	時間管理……………… 192
	行動心理学ベースの刺激型教育	式………………………… 97
	………………………… 13	視空間スケッチパッド………114
く	高等専修学校…………… 87	自己イメージ…………… 54
空間認識能力…………… 33	公認心理師………… v, 38	思考………………… 228
組むパズル…………… 188	コーダー……………… 117	思考過程の明示………… 143
クラス………………… 221	コーチ…………………… v	思考力…………… 16, 18
クラス図……………… 209	コーディング……… viii, 107	自己肯定感…………… 188
クリニカルシナリオ………… vi	コードエディタ………… 37	自己効力感……………… 91
グループウェア………… 234	コードレビュー………… 167	仕事………………… 216
クレペリン検査………… 192	コーピング…………… 229	自信………………… 229
クロスプラットフォーム・フレー	ゴール…………………… 33	システムインテグレーター 174
ムワーク……………… 224	個人の認知特性………… 131	思想………………… 169
	国家試験………………… 33	自尊感情………………… 94
け	ごっこ遊び…………… 188	実技教科………………… 17
計画………………… 229	コミュニケーション能力…194	失語症…………………… 3
経験………………… 229	コメント……………… 172	実践数学………………… 96
経験学習モデル……… 52, 144	コメント文…………… 136	失敗……………………… 34
経済産業省……………… 13		自分像…………………… 33
経済人…………………… 27	**さ**	自分の価値観…………… 27
経済的価値………… 30, 32	再起動…………………… 2	市民大学………………… 50
継次処理能力優位……… 151	サイレントマジョリティ……170	事務職…………………… 53
芸術的…………………… 29	作業………………… 216	社会環境の変化………… 185
継承…………… 121, 221	作文………………… 113	社会人…………………… 27
ケースレポート………… vi	挫折…………… v, 30, 34, 181	社会的…………………… 29
ケースワーカー………… 86	察しの文化……………… 24	社会的価値………… 30, 32
研究職…………………… 53	察するものでない相手……… 24	社外メンター…………… v
研究的…………………… 29	作動記憶……………… 114	市役所………………… 199
言語視覚優位…………… 151	作動記憶群指数………… 118	収穫逓減…………… 79, 80
言語性………………… 169	茶道の修行……………… 35	宗教人…………………… 27
言語で自分投資………… 225	サブリミナル…………… 136	宗教的価値………… 30, 32
言語能力………… 194, 195	さまよい……………… 180	就労移行支援……… 50, 87
言語リハビリテーション……113	算術……………………… 96	就労移行支援事業所……… 38
現実的…………………… 29	参照………………… 136	受動的学習モデル……… 14
検定試験………… 17, 33	算数……………………… 96	シュプランガー→エドゥアルト・
権力……………………… 27		シュプランガー
権力人…………………… 27		象形視覚優位………… 151
権力的価値………… 30, 32		

少数者……………………225	制御構造ループ…………101	**ち**
衝動……………………228	成功……………………33	チームワーク……………31
情報を処理する手段………151	精神分析…………………156	知覚……………………viii
情報を知覚する手段………151	西洋数学…………………96	逐次処理……………151, 169
初学者…………………187	積分……………………84	知識……………………17
初期化…………………136	責務駆動設計……………205	知的好奇心………………195
職業訓練校………………50	セラピスト………………iii	知的充足感………………188
職業レディネス・テスト……29	セルフエスティーム………94	知能検査………38, 118, 194
職能としての寿命………224	宣言文…………………136	知能指数…………………118
職務遂行能力……………78	専修・専門学校……………50	チャット…………………234
書籍選び…………………134	前頭皮質…………………118	中央実行系………………114
ジョン・L・ホランド……29		抽象データ型……………221
ジョン・アンダーソン………131	**そ**	聴覚優位…………………151
自立……………………vi	像………………………227	長期記憶…………114, 131
思路…………137, 138, 143	想像……………………228	著者の考え………………143
真………………………27	ソーシャルワーカー………86	直感……………………228
新学力観…………………35	ソースコード…………viii, 12	直感タイプ……51, 55, 56, 198
進化の歴史………………136	測量学…………………96	直感の人…………………81
心的外傷→トラウマ	卒業……………………33	
人体……………………viii	ソフトウェア………………viii	**て**
審美的価値……………30, 32	ソフトウェア設計…………198	定数……………………136
心理カウンセラー…………v	ソフトウェアデザイン………203	テイラー
心理学………………viii, 164	ソフトウェアの価値………30	→フレデリック・テイラー
	ソフトウェアフレームワーク……	データ型…………………136
す	………………………224	データフィールド…………213
睡眠……………………230	ソリューション・フォーカスト・	テキストプログラミング……11
推理パズル………………11	アプローチ→ SFA	テキストプログラミング言語……
数学……………………96		………………………46, 48
数学パズル………………11	**た**	テクニカルライティング……139
数独……………………11	体感覚優位………………151	デジタル化の波……………13
スクラッチ………………11	対処……………………229	デジタル人材……………15
図形描画…………………25	対象関係…………………156	テスト駆動開発……………93
ステップバイステップ………56	代数……………………96	手続き型…………………109
ストップロス……………192	代数学…………………96	デバッガー………………54
ストレス……………193, 230	確かめるタイプ………………	デバッグ…………………93
ストレス管理……………230	……………51, 55, 56, 198	デビッド・コルブ…………52
ストレス耐性……………28	確かめる人………………81	電子メモリー……………105
砂場遊び…………………188	多重知能理論………52, 144	
	達成感…………………188	**と**
せ	たとえ話…………………220	動機……………………228
聖………………………27	種火…………………8, 229	動機づけ…………………228
性格検査…………………194	単一責任の原則………199, 201	東京都教職員研修センター…151

道具……………188, 216, 218
道具のための道具……………188
等号…………………96, 97
動詞…………107, 108, 204
同時処理………151, 168, 169
同時処理能力優位…………151
動詞抽出法…………………205
独学…………………49, 50, 92
徳川家康………………135
徳川吉宗………………96
読字障害………………37
解くパズル………………188
特別支援教育……………38
トピックセンテンス…………139
ドライバー役………………166
トラウマ………………181
とりあえず動く………………184
トレーナー…………………v

な
内的世界………………155
何もしなかった、という失敗……
…………………………94
ナビゲーター役…………166
なれなかった自分…………34

に
ニーモニック………………48
ニール・フレミング……52, 151
日本人…………………19, 21
日本人特有の課題……………iii
入門書……………134, 143
認知…………………………viii
認知機能………………150
認知心理学…………iii, 35
認知特性…………130, 150

ね
ネイディーン・カウフマン…151

の
能動的学習モデル……………14

脳内のキャンパス…………21
ノリーン・M・ウェッブ……195

は
バーバルシンカー………………
…………………138, 198, 226
バイナリーコード……………viii
バグ…………………………90
箱庭療法…………………195
パソコンショップ……………2
発達障害…………………37
バドリー…………………114
パフォーマンス………………230
パラグラフ…………137, 138
パラグラフライティング……139
ハワード・ガードナー………52
判断力………………16, 18
パンチカード………………48
パンチャー…………………117
ハンディキャップ……………18
反復学習…………………79
汎用の構造………………120

ひ
美…………………………27
ひきこもり地域支援センター……
…………………………86
引数…………………………136
非言語性…………………169
ビジュアルシンカー………………
………………138, 167, 198, 226
ビジュアルプログラミング
…………………………11
ビジュアルプログラミング言語
………………………11, 45
美術人……………………27
一人遊び…………………187
微分………………………85
秘密保持…………………vii
ヒューマンインターフェイスガイ
ドライン……………………190
表計算ソフト………………201

表現力………………16, 18

ふ
風説………………………90
負荷の高い質問………………164
副読本……………………227
不登校………………58, 80
プライバシー…………………vii
プラグボード………………48
フリースクール……………87
フリーランス………………12
ブレークポイント……………54
フレームワーク……………224
フレデリック・テイラー……16
ブローカ失語…………………3
プログラマーの年収…………12
プログラマーの品質………186
プログラミング………………viii
プログラミング学習………………
……………………iii, v, 10, 198
プログラミング環境…………37
プログラミング教育…………15
プログラム…………………viii
プロジェクトベース……11, 56
フロントエンドプロセッサ→FEP
文化間………………………iii
文化的ハンディキャップ……18
文書化……………………199

へ
ペアプログラミング…………166
米国電気電子学会→IEEE
ペース……………………232
変数………………95, 97

ほ
ポインタ…………………136
放送大学…………………50
方法………………………229
ホビープログラマー…………117
ほぼ動く…………………184
ホランド→ジョン・L・ホランド

241

は

ホランドコード……………… 29
ポリモーフィズム…………… 221

ま

マイコン雑誌………………… 138
マイノリティ………………… 225
マテリアルデザイン………… 190
学んだフリ…………………… 15

み

ミドルウェア………………… 174

む

群れ遊び……………………… 187
村瀬嘉代子…………………… iv

め

名詞…………………………… 205
名詞抽出法…………………… 206
命令…………………………… 108
メソッド……………………… 221
メンター…………………… v, 86
メンタルダウン……………… 232
面談…………………………… 163

も

モチベーション………… 28, 33
モデリング………… 121, 203
問題…………………………… 215
問題解決………… v, 198, 215
問題解決能力……… 11, 33, 194
文部科学省…………………… 15
文部省………………………… 35

ゆ

ユーザー エクスペリエンス ガイ
ドライン……………………… 190

よ

要求定義……………… 199, 204
要件定義……………… 199, 204
幼児健忘……………………… 33

ら

ラベル名……………………… 106

り

リエゾン……………………… 3
リソースデータ……………… viii
リファクタリング…………………
…………… 43, 94, 199, 202
リファレンス………………… 136
利用…………………………… 27
理論人………………………… 27
理論的価値……………… 30, 32
臨床心理士………………… v, 38
臨床心理学…………………… iii

る

ルネサンス期………………… 96
ルビンの壺…………………… 90

れ

歴史書………………………… 136
歴史的背景…………………… 136
レジスタ……………………… 106
レスポンシブデザイン……… 26
レッドストーン回路………… 68
レディネス…………………………
……… 10, 190, 224, 232, 235
練習機・練習艦……………… 49
連想配列……………………… 222

ろ

ロールモデル………………… v
労働的伝承…………………… 189
ロジカルライティング……… 139
ロバート・レコード………… 96
ロベルト・アサジョーリ…… 227
ロボットプログラミング…… 33
論理…………………………… 140
論理的関係性………… 127, 128
論理的思考力………………… 11
論理的推論能力……………… 194
論理パズル…………………… 11

わ

ワーキングメモリ… viii, 33, 114
ワーキングメモリ指標……… 118
わかり方の特性……… 151, 152
和算…………………………… 96

著者プロフィール

山崎晴可（やまざきはるか）

高知県高知市出身 1968 −
大阪芸術大学文芸学科中退・ダイアモンドアプリコット電話研究所所長、プログラマーの社外メンターとして企業のエンジニア指導。14歳よりOh!mz(ソフトバンク)掲載・ハッカージャパン（白夜書房）インターネットアスキー（アスキー）等で連載・単著に「インターネットツール構築論」（白夜書房）・ストーカー対策ボランティアグループを主宰しフジテレビNONFIX「ストーカーバスター」シリーズとして放送。

山崎彩子（やまざきあやこ）

神奈川県横浜市出身 1972 −
武蔵大学文学部社会学科卒・白百合女子大学大学院文学研究科発達心理学専攻修士課程修了・臨床心理士・公認心理師・精神保健福祉士。精神科クリニック、スクールカウンセラー、児童養護施設勤務等を経て2010年より海上自衛隊心理療法士、現在防衛省海上幕僚監部首席衛生官付衛生企画室勤務。

■ Staff

本文設計・組版・編集●株式会社トップスタジオ
装丁●トップスタジオデザイン室（阿保裕美）
カバーイラスト● 456
担当●池本公平
Web ページ● https://gihyo.jp/book/2025/978-4-297-14589-7

※本書記載の情報の修正・訂正については当該 Web ページおよび著者
の Web ページなどでも行います。

もう一度プログラミングを
はじめてみませんか？
──人生を再起動するサバイバルガイド

2025 年 1 月 11 日　　　初版　第 1 刷　発行

著　者　山崎晴可、山崎彩子
発行者　片岡　巖
発行所　株式会社技術評論社
　　　　東京都新宿区市谷左内町 21-13
　　　　電話　03-3513-6150 販売促進部
　　　　　　　03-3513-6170 第 5 編集部(雑誌担当)
印刷／製本　日経印刷株式会社

定価はカバーに表示してあります。

本書の一部または全部を著作権法の定める範囲を越え、無断で複写、
複製、転載、あるいはファイルに落とすことを禁じます。

© 2025　山崎晴可、山崎彩子

造本には細心の注意を払っておりますが、万一、乱丁（ページの乱れ）や
落丁（ページの抜け）がございましたら、小社販売促進部までお送りくだ
さい。送料小社負担にてお取り替えいたします。

ISBN978-4-297-14589-7　C3055

Printed in Japan

■お問い合わせについて
●ご質問は、本書に記載されている内容
　に関するものに限定させていただきま
　す。本書の内容と関係のない質問には
　一切お答えできませんので、あらかじ
　めご了承ください。
●電話でのご質問は一切受け付けており
　ません。FAX または書面にて下記まで
　お送りください。また、ご質問の際には、
　書名と該当ページ、返信先を明記して
　くださいますようお願いいたします。
●お送りいただいた質問には、できる限
　り迅速に回答できるよう努力しており
　ますが、お答えするまでに時間がかか
　る場合がございます。また、回答の期
　日を指定いただいた場合でも、ご希望
　にお応えできるとは限りませんので、
　あらかじめご了承ください。

〒 162-0846
東京都新宿区市谷左内町 21-13
株式会社技術評論社 第 5 編集部
「もう一度プログラミングを
はじめてみませんか？」係
FAX：03-3513-6179